高等职业教育电子信息类专业"十二五"规划教材

电路仿真与印制电路板设计
——基于 Multisim 10 与 Protel DXP 2004

卫俊玲　董春霞　主　编

石梅香　梁静坤　郑建红　副主编

林加西　参　编

袁秀英　主　审

中国铁道出版社

CHINA RAILWAY PUBLISHING HOUSE

内 容 简 介

本书体现基于工作过程的高职教材编写理念，理论知识强调"实用为主，必需和够用为度"的原则，以能力训练为目标，以实用的教学项目为载体，以任务驱动的形式展示相关知识，学生通过完成"任务"，掌握相关知识点和操作技能，实现"教、学、做"一体化。

本书共分为两篇：第一篇介绍用 Multisim 10 软件进行电路仿真的方法，具体包括收音机调谐电路的仿真分析、三相电源电路及电机负载功率的测量仿真分析、555 定时器电路的设计仿真分析等三个项目；第二篇介绍用 Protel DXP 2004 软件进行印制电路板设计与制作的方法，具体包括直流电源适配器电路、数字秒表电路、单片机最小控制系统的印制电路板设计与制作三个项目。

本书适合作为高职院校电气类、电子信息类、自动化类和机电类相关专业电子电路课程的教学用书，也可供从事电路设计与制作相关工作的工程技术人员参考和电子技术爱好者阅读。

图书在版编目（CIP）数据

电路仿真与印制电路板设计——基于 Multisim 10 与 Protel DXP 2004/卫俊玲，董春霞主编. —北京：中国铁道出版社，2013.2

高等职业教育电子信息类专业"十二五"规划教材

ISBN 978-7-113-15835-4

Ⅰ.①电… Ⅱ.①卫… ②董… Ⅲ.①电子电路—计算机仿真—应用软件—高等职业教育—教材 ②印刷电路—计算机辅助设计—应用软件—高等职业教育—教材 Ⅳ.①TN702 ②TN410.2

中国版本图书馆 CIP 数据核字（2012）第 310686 号

书　　名：电路仿真与印制电路板设计——基于 Multisim 10 与 Protel DXP 2004

作　　者：卫俊玲　董春霞　主编

策　　划：吴　飞		读者热线：400-668-0820	
责任编辑：吴　飞			
编辑助理：绳　超			
封面设计：刘　颖			
封面制作：白　雪			
责任印制：李　佳			

出版发行：中国铁道出版社（100054，北京市西城区右安门西街 8 号）

网　　址：http://www.51eds.com

印　　刷：航远印刷有限公司

版　　次：2013 年 2 月第 1 版　　2013 年 2 月第 1 次印刷

开　　本：787 mm×1092 mm　1/16　印张：13.75　字数：334 千

印　　数：1～3 000 册

书　　号：ISBN 978-7-113-15835-4

定　　价：28.00 元

本书是天津市教育科学学会"十二五"规划课题研究成果。教材建设是高职院校教育教学工作的重要组成部分，高职教材作为体现高等职业教育特色的知识载体和教学的基本工具，直接关系到高职教育能否为一线工作岗位培养符合要求的应用型人才。本书体现工学结合的高职教育人才培养理念，理论知识强调"实用为主，必需和够用为度"的原则，采用项目式编写体例。

随着计算机技术的不断发展，计算机辅助设计(简称 CAD)软件得到了广泛的应用。使用仿真软件 Multisim 10 进行电路仿真分析，应用 Protel DXP 2004 软件进行电子电路的印制电路板设计，已经成为电类相关专业技术人员所必备的基本技能。本书本着易学、易懂的原则，将这两种软件的使用集合在一起，力求使学生轻松快速地掌握电子电路仿真与设计的计算机辅助设计技能。

本书分为两篇：第一篇介绍用 Multisim 10 软件进行电路仿真的方法，具体包括收音机调谐电路的仿真分析、三相电源电路及电机负载功率的测量仿真分析、555 定时器电路的设计仿真分析三个项目；第二篇介绍用 Protel DXP 2004 软件进行印制电路板设计与制作的方法，具体包括直流电源适配器电路的印制电路板设计与制作、数字秒表电路的印制电路板设计与制作、单片机最小控制系统的印制电路板设计与制作三个项目。

本书根据高职高专教育的特点和培养目标进行编写，将能力训练与知识学习有效融合。具有以下特色：

（1）项目式体例。全书将电路仿真与印制电路板设计的应用操作及知识分为六个教学项目。项目的选取突出实用性和典型性，由简单到复杂。

（2）任务驱动的教学方式。每个项目下设若干任务，以任务驱动的形式展示相关知识，学生通过完成"任务"，掌握相关知识点和操作技能，实现"教、学、做"一体化。

（3）每个项目后配有拓展训练，同时拓展训练配有简单介绍与操作提示，使学生能触类旁通、学以致用。

本书软件截图中的电气符号与国家标准符号不同，特附软件元件库中常用元器件符号对照表，详见附录 C。

本书由卫俊玲、董春霞任主编，石梅香、梁静坤、郑建红任副主编，林加西参与编写。具体编写分工为项目三、项目四、项目五、附录 B 由卫俊玲编写，项目一、项目二、附录 A 由董春霞编写，项目六由石梅香编写，梁静坤、郑建红、林加西参与了部分内容的编写。全书由卫俊玲负责组织和统稿工作。

本书由袁秀英主审，她对本书的内容、结构等方面提出了许多宝贵意见和建议。张永飞对本书的编写也提出了许多宝贵意见。中国华电集团金海龙为本书的编写做了大量工作。本书的编写还得到了天津职业大学机电学院电气自动化技术教研室全体教师的大力支持和帮助，在此一并表示衷心的感谢。本书编写时参考了大量相关文献，在此对这些文献的作者和出版者表示感谢。

本书适合作为高职院校电气类、电子信息类、自动化类和机电类相关专业电子电路课程的教学用书，也可供从事电路设计与制作相关工作的工程技术人员参考和电子技术爱好者阅读。

由于作者水平有限，书中疏漏和不妥之处在所难免，恳请读者批评指正。

编 者

2012 年 10 月

CONTENTS | # 目　录

第一篇　Multisim 10 电路建模与仿真

第二篇　Protel DXP 2004 印制电路板设计与制作

第一篇 Multisim 10 电路建模与仿真

随着计算机技术的不断发展，电子设计自动化（Electrical Design Automation，EDA）软件得到了广泛的应用。EDA 软件的使用，大大缩短了电路设计与调试的时间，提高了电路设计的效率，降低了电路开发的成本，也因此得到了越来越广泛的应用。

利用 Multisim 软件可以实现电路仿真设计，创建虚拟实验室，设计与实验可以同步进行，可以边实验边设计，修改调试方便。设计和实验用的元器件及测试仪器仪表齐全，可以完成多种类型的电路设计与实验，实验速度快，效率高。本篇采用应用较为广泛的 National Instruments 公司（简称 NI 公司）的 Multisim 10 仿真软件。

学习"项目一"之前可先学习附录 A "Multisim 软件概述"。

电路仿真是电路设计过程中很重要的一个环节。本篇通过"收音机调谐电路的仿真分析"、"三相电源电路及电机负载功率测量仿真分析"和"555 定时器电路的设计仿真分析"三个项目，介绍 Multisim 10 仿真软件的电路建模与仿真功能。

项目一 收音机调谐电路的仿真分析

项目简介

本项目通过"RLC 谐振电路幅频特性的仿真分析"与"RLC 谐振电路电压与电流的仿真分析"两个任务，熟悉电路建模与仿真的全过程，熟悉基本元件库，熟悉函数信号发生器、伯德图示仪、电流指示器与示波器的使用方法。

一、收音机调谐电路

收音机调谐电路的模型是 RLC 串联电路，其实际模型如图 1-1（a）所示，等效电路如图 1-1（b）所示。e_1、e_2 与 e_3 是来自三个不同电台的电动势信号，R_{L2}、L_2（固定电感元件）与 C（可调电容元件）组成谐振电路，调节收音机的选台旋钮即可调节谐振电路电容元件 C 的电容量，即可调节谐振电路的谐振频率，当电路的谐振频率即电路的固有频率与某电台的电动势信号频率相同时，电路发生谐振即可完成选台过程。

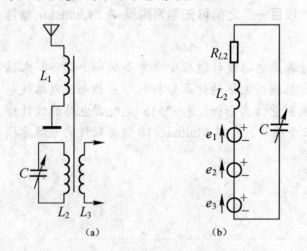

图 1-1 收音机调谐电路模型

二、RLC 串联谐振电路

电路发生谐振时的频率为：

$$f = \frac{1}{2\pi\sqrt{L_2 C}}$$

这时即使有许多频率成分的电压激励，也只能对该频率的电压激励产生谐振。

串联谐振电路呈电阻性，电源供给的能量全部被电阻元件所消耗，电感元件与电容元件之间的无功功率完全相互补偿，电路的无功功率等于零。发生谐振时，电路的总阻抗达最小值，谐振电流为最大，R_{L2}、L_2 与 C 的两端会产生过电压，只要稍微改变可调电容元件值，电路的固有频率就会发生变化，电流值就会大幅度下降。当电路的输入端含有多种频率成分的信号时，通过调谐可得到所需要的频率信号，这种从多种频率信号中挑选出所需频率信号的能力称为"选择性"，电路的阻值越小，其选择性越好。

 学习目标

技能目标

（1）会使用 Multisim 基本元件库进行收音机调谐电路的建模。

（2）能正确向电路中添加仿真仪表，如函数信号发生器、伯德图示仪、电流指示器与示波器。

（3）会进行收音机调谐电路幅频特性的仿真及简单分析。

（4）会进行 RLC 谐振电路的电压与电流仿真分析。

知识目标

（1）了解收音机调谐电路基础知识。

（2）了解 RLC 谐振电路的特点。

（3）掌握 Multisim 基本元件库的使用与电路模型的创建过程。

（4）熟悉函数信号发生器、伯德图示仪、电流指示器与示波器的使用方法。

任务一 RLC 谐振电路幅频特性的仿真分析

 任务描述

（1）已知图 1-1 中的 L_2=300 μH、R_{L2}=30 Ω、e_1 电台频率 f_1=787 kHz，分析可调电容元件的值应调节到多大，才能收听到电台 e_1 的节目。

（2）调节可调电容元件值收听电台 e_1 的节目，使电路处于谐振状态，进行电路幅频特性仿真分析。RLC 幅频特性仿真电路如图 1-2 所示，该仿真电路图中的元件 R1 与图 1-1 中的 R_{L2} 对应，L1 与图 1-1 中的 L_2 对应，C1 与图 1-1 中的 C 对应。

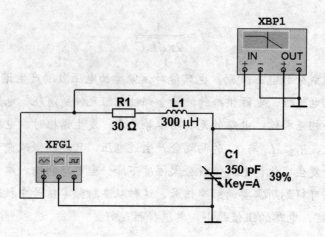

图 1-2 RLC 电路幅频特性仿真

 相关知识

一、设置电路文件环境

1. 全局属性设置

通过 Options（选项）菜单设置电路环境，执行 Options→Global Preference（全局设置）命令，在弹出的设置对话框中切换到 Parts 选项卡，按图 1-3 所示进行设置。Place component

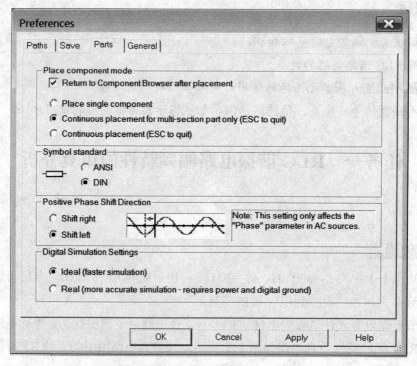

图 1-3 Global Preference（全局设置）中的 Parts 选项设置

mode（放置元件模式）区域采用默认设置：Return to Component Browser after placement（放置完元件后再回到元件浏览窗口）。将 Symbol standard（符号标准）设置为 DIN（欧洲标准，此标准的元件符号与我国电子元件符号标准基本一致），选择此标准后，该区域左侧显示的是电阻元件符号。Digital Simulation Settings（数字仿真设置）默认为理想仿真模式。

图 1-4 所示为 General 选项卡的默认设置，在滚动鼠标中间滚轮时，电路窗口将放大或缩小；接触元件引脚时将执行自动连线命令；移动元件时，自动调整元件连线；删除元件时，与元件相关的连线自动删除。

查看其他选项卡的内容，均可采用默认设置，也可根据需要进行相应设置。

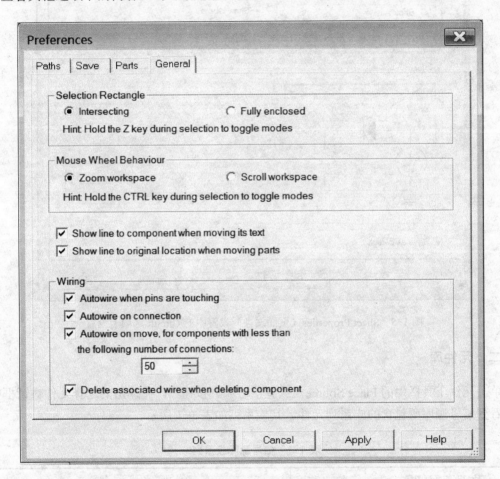

图 1-4 Global Preference（全局设置）中的 General 选项卡设置

2. 页面属性设置

执行 Options→Sheet Properties（页面属性）命令，将弹出页面属性设置对话框，如图 1-5 所示，其中 Circuit（电路）选项卡是对电路图建模的设置。Workspace（工作区）选项卡是对电路显示窗口图纸的设置，包括图纸格式及规格设置。Wiring（导线）选项卡是用来设置电路导线的宽度与连接方式。Font（字体）选项卡是用来设置电路中文本的属性。

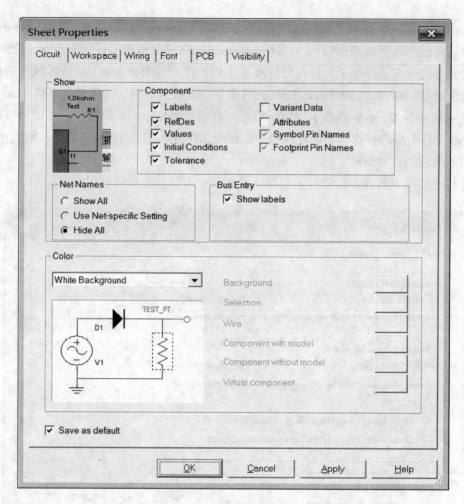

图 1-5 Sheet Properties（页面属性）设置中的 Circuit 选项卡设置

二、元件库

单击元件工具栏中的 Place Source（放置信号源）按钮 *，在弹出的选择元件对话框中，即可看到信号源库所包含的族系列元件，其族系列如表 1-1 所示。

表 1-1 信号源库族系列

信号源库族系列图标	名　称	功　　　　能
POWER_SOURCES	功率源	含有交直流电源、三相电、TTL 及 CMOS 电源，为电路提供功率，及模拟地与数字地
SIGNAL_VOLTAGE_SO...	信号电压源	含有交流信号、时钟信号、脉冲信号电压源等
SIGNAL_CURRENT_SO...	信号电流源	含有交直流信号、时钟信号、脉冲信号电流源等
CONTROLLED_VOLTA...	可控电压源	含有压控电压源、流控电压源等
CONTROLLED_CURRE...	可控电流源	含有压控电流源、流控电流源等
CONTROL_FUNCTION...	可控函数源	含有限流、乘除、微分、积分可控函数源等

单击元件工具栏中的 Place Basic（放置基本元件）按钮 ⚏，在弹出的选择元件对话框中，即可看到基本元件库所包含的族系列元件，其族系列如表 1-2 所示。

表 1-2　基本元件库族系列

基本元件库族系列图标	名　　称	基本元件库族系列图标	名　　称
BASIC_VIRTUAL	基本虚拟元件	SOCKETS	插座
RATED_VIRTUAL	定额虚拟元件	RESISTOR	电阻元件
RPACK	电阻排	CAPACITOR	电容元件
SWITCH	开关	INDUCTOR	电感元件
TRANSFORMER	变压器	CAP_ELECTROLIT	极性电容元件
NON_LINEAR_TRANSF...	非线性变压器	VARIABLE_CAPACITOR	可调电容元件
RELAY	继电器	VARIABLE_INDUCTOR	可调电感元件
CONNECTORS	连接件	POTENTIOMETER	电位器

注：电容元件、极性电容元件、可调电容元件、电位器这四个族系列的图标相同，可通过英文名称区分，也可通过族系列对应的 Symbol（符号）区分。

单击元件工具栏中的 Place Diode（放置二极管）按钮 ⚏，在弹出的选择元件对话框中，即可看到二极管库所包含的族系列元件，其族系列如表 1-3 所示。

表 1-3　二极管库族系列

二极管库族系列图标	解　　释	二极管库族系列图标	解　　释
DIODES_VIRTUAL	虚拟二极管	SCR	晶闸管（可控硅）
DIODE	二极管	DIAC	双向二极管
ZENER	稳压管	TRIAC	双向晶闸管
LED	发光二极管	VARACTOR	变容二极管
FWB	整流器	PIN_DIODE	Pin 二极管
SCHOTTKY_DIODE	肖特基二极管	—	—

单击元件工具栏中的 Place Transistor（放置晶体管）按钮 ⚏，在弹出的选择元件对话框中，即可看到晶体管库所包含的族系列元件，其族系列如表 1-4 所示。

表 1-4　晶体管库族系列

晶体管库族系列图标	名　　称	晶体管库族系列图标	名　　称
TRANSISTORS_VIRTUAL	虚拟晶体管	MOS_3TDN	N 沟道耗尽型 MOS 管
BJT_NPN	NPN 型晶体管	MOS_3TEN	N 沟道增强型 MOS 管
BJT_PNP	PNP 型晶体管	MOS_3TEP	P 沟道增强型 MOS 管

续表

晶体管库族系列图标	名　称	晶体管库族系列图标	名　称
DARLINGTON_NPN	达林顿 NPN 管	JFET_N	N 沟道结型场效应晶体管
DARLINGTON_PNP	达林顿 PNP 管	JFET_P	P 沟道结型场效应晶体管
DARLINGTON_ARRAY	达林顿阵列管	POWER_MOS_N	N 沟道 MOS 功率管
BJT_NRES	带阻 NPN 晶体管	POWER_MOS_P	P 沟道 MOS 功率管
BJT_PRES	带阻 PNP 晶体管	POWER_MOS_CO	互补 MOS 功率管
BJT_ARRAY	BJT 晶体管阵列	UJT	单结晶体管
IGBT	绝缘栅双极晶体管	THERMAL_MODELS	热模型 MOSFET

注：达林顿 NPN 管、达林顿 PNP 管和达林顿阵列管族系列的图标相同，可通过英文名称区分，也可通过族系列对应的 Symbol（符号）区分。

单击元件工具栏中的 Place Analog（放置模拟器件）按钮 ⊭，在弹出的选择元件对话框中，即可看到模拟器件库所包含的族系列元件，其族系列如表 1-5 所示。

表 1-5　模拟元件库族系列

模拟元件库族系列图标	名　称	模拟元件库族系列图标	名　称
ANALOG_VIRTUAL	虚拟模拟元件	COMPARATOR	比较器
OPAMP	运算放大器	WIDEBAND_AMPS	宽带集成运放
OPAMP_NORTON	诺顿运放及电流差分放大器	SPECIAL_FUNCTION	特殊功能集成运放

在 Multisim 中包含两类元件；一类为现实元件；另一类为虚拟元件。现实元件是指根据实际存在的元件参数而设计的，模型精度高，仿真可靠，提取某元件时，需先打开其所在库，而后选择提取；虚拟元件是指元件的大部分模型是元件的典型值，部分模型参数可由用户设定，其提取速度较现实元件快，而且在设计中会用到各种各样的参数器件，能直接修改其中的参数，将会给设计带来极大的方便。本篇优先选用的是现实元件。

三、编辑元件

电路建模过程中，经常需进行元件的编辑，如元件属性的编辑、元件的移动、旋转、复制与删除等操作。下面介绍具体的操作方法。放置元件的方法可参考附录 A。

1. 选择元件

编辑元件前，先要选中所需编辑元件，元件的选择有两种方法。

方法一：在元件符号上单击，即可选中该元件，需选择多个元件时，按住【Shift】键并单击，逐个选取元件，被选中的元件被一虚线矩形框框住。

方法二：从被选择元件的左上角，按住鼠标左键不放，拖动光标直到被选择元件的右下角，松开鼠标左键，拖出一矩形区域即可选中该矩形区域内的所有元件。

选中后的元件效果如图 1-6 所示。

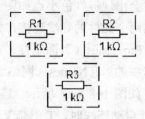

图 1-6 选中后的元件

2. 移动元件

选中单个或多个需移动的元件，将光标放在某个被移动元件的符号上，按住鼠标左键不放拖动元件到合适位置，然后松开鼠标左键即完成对元件的移动操作。

3. 复制与删除元件

选中需编辑元件后，执行 Edit→Copy（复制）命令，之后再执行 Edit→Paste（粘贴）命令，可将其复制到所需电路中。执行 Edit→Delete（删除）命令，即可实现元件的删除操作。或在电路窗口右击，在弹出的快捷菜单中，选择相应命令。或执行相应操作的快捷键，如：【Ctrl+C】（复制），【Ctrl+V】（粘贴），【Delete】（删除）。

4. 旋转与翻转元件

选中单个或多个需旋转的元件。执行元件的旋转与翻转有以下三种方法。

方法一：执行 Edit→Orientation（方向）命令，如图 1-6 所示，将元件旋转或翻转到合适方向。其中 Filp Vertical 为垂直方向翻转，Flip Horizontal 为水平方向翻转，90 Clockwise 为顺时针方向旋转 90 度，90 CouterCW 为逆时针方向旋转 90 度；

方法二：选中需旋转元件后右击，在弹出的快捷菜单中，选择执行相应的旋转与翻转命令；

方法三：选中需旋转元件后，直接使用旋转与翻转的相应快捷键，其快捷键在菜单命令旁边有所显示，如图 1-7 所示，可知 Flip Horizontal（水平方向翻转）的快捷键为【Alt+X】。

Flip **V**ertical	Alt+Y
Flip **H**orizontal	Alt+X
90 Clockwise	Ctrl+R
90 C**o**unterCW	Ctrl+Shift+R

图 1-7 Orientation（方向）子菜单命令

四、连接元件、删除与移动导线

1. 连接元件

Multisim 提供了手工连线与自动连线两种方式。自动连线为 Multisim 系统的默认设置，自动选择引脚间最佳路径进行连线，可以避免连线通过元件或连线重叠；手工连线时可以控制连线路径。具体连线时，可以两种方式结合使用。

采用自动连线方式时，无需执行任何命令。将光标移近所要连接元件的引脚一端，光标自动变为一个小黑点，表明捕捉到了该元件的引脚，此时单击，并拖动鼠标使光标指向另一元件引脚，当捕捉到该元件引脚时会出现一红色小点如图 1-8（a）所示，此时再次单击，确定被连接引脚，系统将自动完成这两个元件的导线连接，如图 1-8（b）所示，导线上的 1 为导线的标号。执行 Options→Sheet Properties（页面属性）命令，在弹出的页面属性设置对话框中，设置 Circuit（电路）选项卡中的 Net Names（网络名称）为 Hide All（全部隐藏），单击 OK 按钮即可将导线标号隐藏，如图 1-8（c）所示。连接 R3 与 R1、R2 的电路，连接后如图 1-8（d）所示，该软件在进行自动连线时，T 形交叉处会自动放置节点。

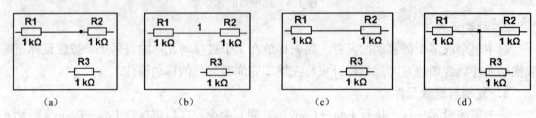

图 1-8　连接元件

采用手动连线方式时，可以执行 Place→Wire（导线）命令；或在电路窗口右击，在弹出的快捷菜单中，选择 Place Schematic 快捷菜单，其菜单命令如图 1-9 所示；或利用连线命令的快捷键【Ctrl+Q】，来执行连线命令，在导线需拐弯处，单击即可。

需要说明的是，在电路的十字交叉处，需手动放置节点。执行 Place→Junction（放置节点）命令，在需放置节点的十字交叉处，单击即可完成节点的放置。

2．删除导线

在被删除导线上单击，选中被删除导线，然后右击，在弹出的快捷菜单中选择 Delete 命令如图 1-10 所示，执行删除导线命令；或直接按快捷键【Delete】删除导线。

Place Component...	Ctrl+W
✦ Junction	Ctrl+J
Wire	Ctrl+Q
♪ Bus	Ctrl+U
▫ HB/SC Connector	Ctrl+I
⬱ Off-Page Connector	
▪ Bus HB/SC Connector	
⬱ Bus OffPage Connector	
▫ Hierarchical Block from File...	Ctrl+H
New Hierarchical Block...	
Replace by Hierarchical Block	Ctrl+Shift+H
New Subcircuit	Ctrl+B
Replace by Subcircuit	Ctrl+Shift+B
Multi-Page	
Merge Bus...	
Bus Vector Connect...	

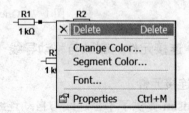

图 1-9　Place Schematic 快捷菜单　　　　　图 1-10　删除导线

3．导线的移动

选中需移动的导线，光标放在该导线上，当光标变为双箭头形式时，按住鼠标左键不放，拖动鼠标将导线放置到合适位置后，松开鼠标左键，即完成导线的移动。

在 Multisim 中的软件环境设置中，系统默认移动元件时会自动将与元件相连接的导线移动，因此在需要移动导线时，一般直接移动相关的元件即可。

五、函数信号发生器与伯德图示仪

1．函数信号发生器

单击仪表工具栏中的 Function Generator（函数信号发生器）按钮，将其放置到电路窗口中，如图 1-11 所示。选中并双击函数信号发生器图标，可弹出其使用面板，如图 1-12（a）、（b）、（c）所示分别为正弦波、三角波、方波的使用设置，其中 Frequency 为频率，Duty Cycle 为占空比，Amplitude 为幅值，Offset 为偏置值。当选择输出方波信号时，其 Set Rise/Fall Time 为设置信号上升/下降时间。

图 1-11　函数信号发生器

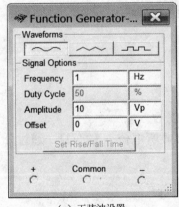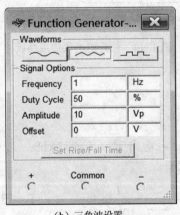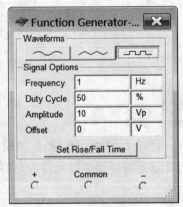

（a）正弦波设置　　　（b）三角波设置　　　（c）方波设置

图 1-12　函数信号发生器使用面板

函数信号发生器有三个连接端子，连接"+"与"Common"端时，输出信号为正极性信号，幅值等于信号发生器的有效值；连接"-"与"Common"端时，输出信号为负极性信号，幅值等于信号发生器的有效值；连接"+"与"-"端时，输出信号的幅值为信号发生器有效值的两倍；同时连接"+"、"Common"、"-"端，且将"Common"端接地时，输出的两个信号幅值相等，极性相反。

2. 伯德图示仪

伯德图示仪是用来测量和显示电路或系统的幅频特性与相频特性。单击仪表工具栏中的 **Bode Plotter**（伯德图示仪）按钮，将其放置到电路窗口中，如图 1-13 所示。选中并双击伯德图示仪图标，弹出其使用面板，如图 1-14 所示。该仪表共有四个端子，两个输入端和两个输出端，将输入端连接到输入信号端，输出端连接到负载端。

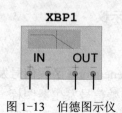

图 1-13 伯德图示仪

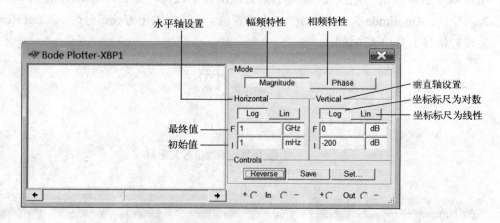

图 1-14 伯德图示仪使用面板

 **任务实施**

已知 $L_2=300\ \mu H$、$R_{L2}=30\ \Omega$、e_1 电台频率 $f_1=787\ kHz$，若要收听电台 e_1 的节目，通过分析计算可得可调电容元件的电容为：

$$C = \frac{1}{\left(2\pi \times 787 \times 10^3\right)^2 \times 300 \times 10^{-6}} F = 136.5\ pF$$

RLC 电路幅频特性建模与仿真过程如下：

1）创建电路文件

运行 Multisim 后，系统会自动创建一个名为 Circuit1 的电路文件；或执行 File→New（创建文件）命令；或单击工具栏中的创建文件按钮；或利用快捷键【Ctrl+N】，均可创建电路文件。

2）保存文件

执行 File→Save（保存文件）命令；或单击工具栏中保存文件按钮；或按快捷键【Ctrl+S】；

均可执行保存文件命令，之后弹出保存文件对话框，默认文件的保存路径为该软件安装目录下的 Circuit Design Suite 10.0 文件夹中，可自行指定保存文件的路径，键入文件名"RLC 谐振电路幅频特性的仿真"，然后单击【保存】按钮完成文件的保存。

3）放置电阻元件 R、电感元件 L 与可调电容元件 C

放置元件前，执行 Options→Global Preference（全局设置）命令，在弹出的设置对话框中切换到 Parts 选项卡，将 Symbol standard 符号标准设置为 DIN（欧洲标准）。

单击元件库工具栏中的 Place Basic（放置基本元件）按钮 ，如图 1-15 所示，之后弹出 Select a Component（选择元件）对话框，在 Family 族系列中选择 RESISTOR（电阻元件）族，可看到 Component 元件区显示出电阻的各系列值，默认显示的为 1 k 电阻，如图 1-16 所示。

图 1-15　放置基本元件库工具图标

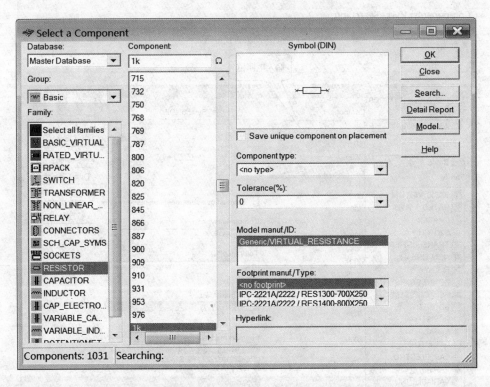

图 1-16　放置电阻元件对话框

查找 30 Ω 电阻元件有两种方法：如图 1-17（a）所示为拖动垂直滚动条查找，如图 1-17（b）所示为输入电阻值查找。查找到 30 Ω 电阻元件后，单击选择该电阻元件，之后单击 OK 按钮，自动返回电路窗口环境，光标上附着一电阻元件符号，拖动鼠标将光标移动到电路窗

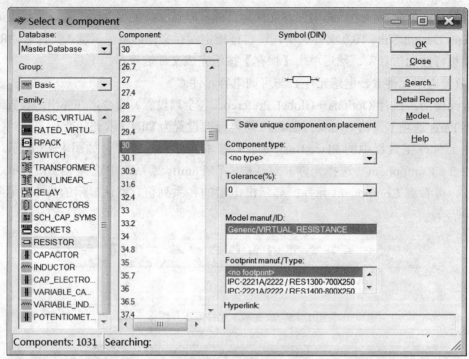

（a）拖动滚动条查找电阻元件

输入电阻值

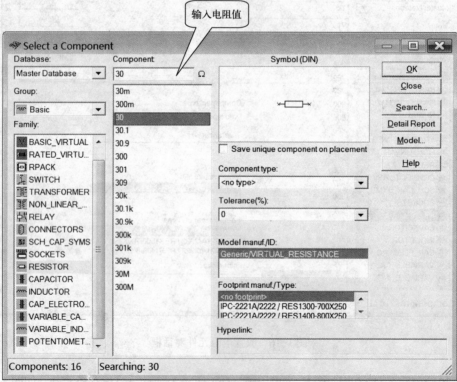

（b）输入电阻值查找电阻元件

图 1-17　放置 30 Ω电阻元件对话框

口合适位置，单击即可将 30 Ω 电阻元件放置到电路窗口中，并且系统会自动给出其参考编号 R1、阻值 30 Ω。选中该电阻元件，双击打开其属性设置对话框，如图 1-18 所示，包含 Label（标签，又称为元件编号）、Display（显示）、Value（值）等选项卡，通过该对话框可设置元件的相关属性。

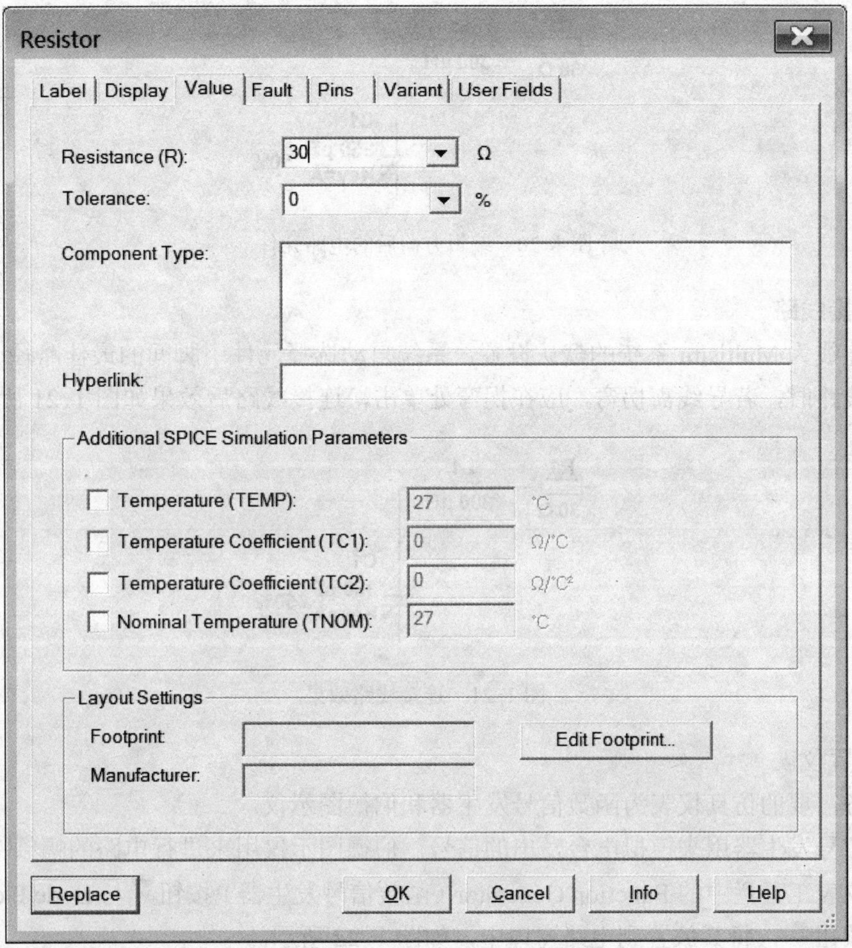

图 1-18　电阻元件属性设置对话框

同理，在基本元件库中选择 INDUCTOR（电感元件）族，可放置 300 μH 电感元件；选择 VARIABLE_CAPACITOR（可调电容元件）族，可放置 350 pF 可调电容元件（本任务需要的电容值为 136.5 pF）。放置后的效果如图 1-19 所示。

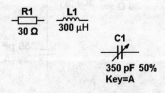

图 1-19　放置元件后效果

4）编辑元件位置

元件连接到电路前，要进行元件的编辑，如元件属性的编辑、元件的移动、旋转、复制与删除等操作。在本任务的电路建模中，需将可调电容元件放置方向进行旋转，以方便电路的连接，编辑后的效果如图 1-20 所示。

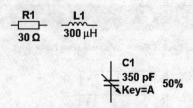

图 1-20　编辑方向后的电路元件

5）连接线路

自动连线为 Multisim 系统的默认设置，系统自动选择元件引脚间的最佳路径进行连线。连接元件线路时，若导线需拐弯，应在拐弯处单击，连接线路后效果如图 1-21 所示。

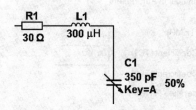

图 1-21　连接线路效果

6）放置仪表

本任务需要的仿真仪表为函数信号发生器和伯德图示仪。

函数信号发生器用来模拟电台发出的信号，伯德图示仪用来进行电路的幅频特性分析。

单击仪表工具栏中的 Function Generator（函数信号发生器）按钮 与 Bode Plotter（伯德图示仪）按钮 ，将其放置到电路窗口中，如图 1-22 所示。

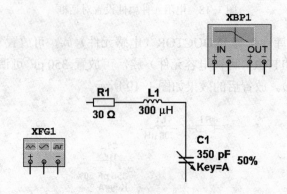

图 1-22　放置仪表后效果

对电路进行幅频特性分析时，可不对函数信号发生器的属性进行设置，只需将其连接到 RLC 电路中，为电路提供信号电源。

7）放置接地符号并完成电路连接

在对每一个电路进行仿真时，都要求该电路有"地"。接地符号所在的库为信号源库，单击元件库工具栏中的 Place Source（放置信号源）按钮⁺，如图 1-23 所示，之后弹出选择元件对话框，在 Family 族系列中选择 POWER_SOURCES（电源）族，可看到 Component 元件区显示出该族的各符号，选择 GROUND（地）如图 1-24 所示，单击 OK 按钮，放置接地符号到电路窗口的合适位置。

图 1-23 放置信号源工具库图标

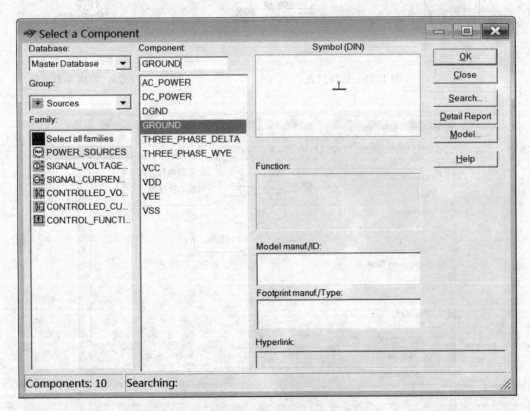

图 1-24 放置接地符号

按图 1-25 完成电路与仪表连接。

8）仿真分析

本任务可调电容元件的电容为 136.5 pF 时，电路发生谐振。可调电容元件的电容应调为最大值的 39%，在仿真分析之前，应先调节可调电容元件的电容。调节方法如下：

移动光标到可调电容元件符号上，其下面便会出现图 1-26 所示的水平滚动条，用鼠标左键拖动它或按快捷键【A】，即可改变可调电容元件的电容，系统默认的最小改变量为 5%，而本任务需设置为 39%，因此需修改系统的最小改变量为 1%。选中可调电容元件双击，弹出属性设置对话框，如图 1-27 所示，将 Increment 增量值设置为 1%，单击 OK 按钮退出属性设置对话框。将可调电容元件电容设置为 39%（即为 139.5 pF），完成电路建模与设置后的收音机调谐电路如图 1-28 所示。

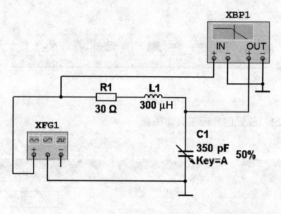

图 1-25　连接仪表　　　　　　　　　　　　图 1-26　可调电容元件

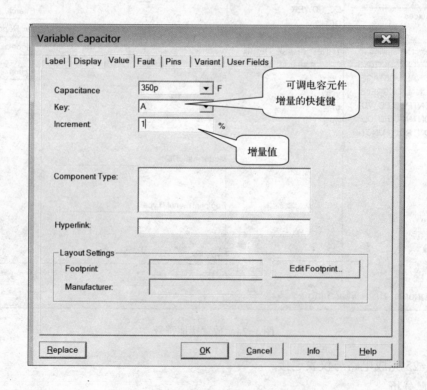

图 1-27　可调电容元件属性设置对话框

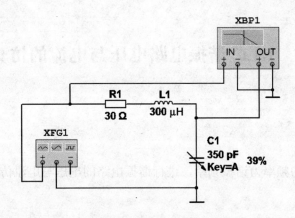

图 1-28 收音机调谐电路仿真模型

将仪表接入电路后，即可进行电路仿真。双击伯德图示仪图标，弹出其仪表面板，执行 Simulate→Run（仿真运行）命令，或单击按钮 ▷ 如图 1-29 所示，或单击按钮 [图标]（执行 Tools →Toolbars→Simulation Switch 命令，可显示仿真按钮工具栏），或按快捷键【F5】，进行仿真，观察伯德图示仪的显示面板。

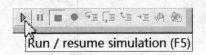

图 1-29 仿真工具图标

按图 1-30 所示设置伯德图示仪的显示模式。设置 Mode 模式为 Magnitude（幅频特性）模式；设置 Horizonal（水平轴）和 Vertical（垂直轴）为 Log（对数坐标）；设置 Horizonal 的 I（起始值）为 200 kHz、F（终值）为 1.4 MHz；Vertical 的 I 为 0 dB、F 为 50 dB。设置后幅频特性曲线即可显示在仪表窗口的中间位置，单击拖动显示窗口左侧的光标轴到增益最大位置，显示窗口的下方同时会显示该位置的频率值与增益值，可知该电路的仿真谐振频率值，与实际值基本一致。

单击仿真工具栏中的按钮 ■，可停止对该电路的仿真。若要仿真其他的电路，必须先停止正在进行仿真的电路。

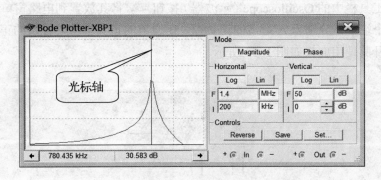

图 1-30 收音机调谐电路谐振频率仿真图形

任务二　RLC 谐振电路电压与电流的仿真分析

任务描述

设置信号发生器的频率为谐振频率，进行谐振电路的电压与电流仿真分析，其仿真模型如图 1-31 所示。

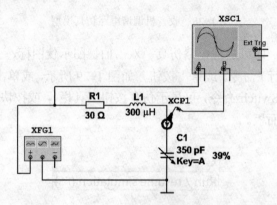

图 1-31　谐振电路电压与电流仿真模型

相关知识

一、示波器

示波器常用来测量各种信号。

Multisim 中提供了双通道示波器、四通道示波器、安捷伦示波器及泰克示波器四种示波器。下面介绍双通道示波器：

单击仪表工具栏中的 Oscilloscope（示波器）按钮，将其放置到电路窗口中，如图 1-32 所示，它有六个端子，分别为 A 通道的正负端、B 通道的正负端与外触发的正负端。双击示波器图标，打开其使用面板如图 1-33 所示。

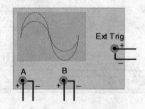

图 1-32　双通道示波器图标

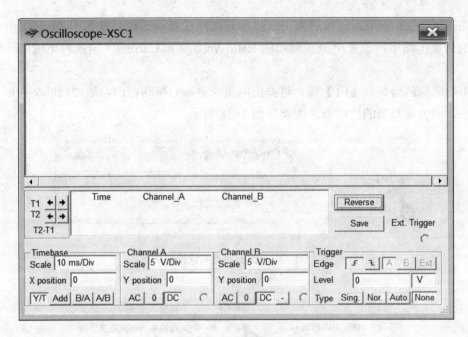

图 1-33　示波器使用面板

在示波器使用面板的 Timebase（时间轴区）中，Scale 为示波器扫描时间轴倍率，时间轴倍率下方有 Y/T、Add、B/A 和 A/B 四个按钮，为信号显示模式按钮。下面分别进行介绍：

Y/T 模式：Y 轴方向显示 A、B 通道的输入信号，X 轴方向是时间基线，并按时间进行扫描，当要显示随时间变化的信号波形时，采用此方式；

Add 模式：X 轴按时间进行扫描，Y 轴方向显示 A、B 通道信号之和；

B/A 模式：A 通道信号作为 X 轴扫描信号，将 B 通道信号施加在 Y 轴上；

A/B 模式：B 通道信号作为 X 轴扫描信号，将 A 通道信号施加在 Y 轴上。

在示波器使用面板的 Channel A、Channel B 区中，可调整该通道信号的倍率及位置。Scale 为信号在示波器面板上的显示倍率，代表每个格的显示值大小。Y position 是指时间基线在显示屏中的位置，大于 0 时，时间基线在屏幕中线的上侧；小于 0 时，在屏幕中线的下侧。Channel A、Channel B 区下方有 AC、0、DC 三个按钮，为信号的耦合模式，下面分别介绍：

AC：屏幕仅显示输入信号中的交流分量，相当于电路中加入了隔直流电容元件；

0：输入信号对地短路；

DC：将输入信号的交、直流分量全部显示。

测试完信号后，可通过调整时间轴倍率，A、B 通道的倍率及位置，将信号清楚地显示在仪表面板上；通过调整屏幕左右两个垂直光标轴可读出信号幅值、频率及其相关值。

二、电流探测器

电流探测器可用来测量电路中导线的电流，探针的输出端连接到示波器，可读出电流大小；探针可指示电流的方向。

单击仪表工具栏中的 Current Probe（电流探测器）按钮 ，将其放置到电路窗口，其图标如图 1-34（a）所示。选中后双击，弹出其属性设置对话框，如图 1 34（b）所示。在本任务的仿真电路中，设置电流探测器的 Ratio Voltage to Current（电压对电流的比例）为 1 V/mA。

　　选中电流探测器后按【F1】键，可弹出电流探测器的帮助窗口，通过帮助文件可了解其使用方法。电流探测器的使用方法图解如图 1-35 所示。

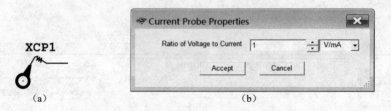

图 1-34　电流探测器及其设置对话框

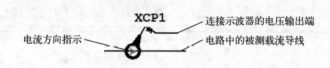

图 1-35　电流探测器的使用图解

 **任务实施**

设置信号发生器的频率为谐振频率，进行谐振电路的电压与电流仿真分析的过程如下：

1）创建电路仿真模型并保存

方法一：创建并将文件保存为"RLC 谐振电路电压与电流的仿真"。按【Ctrl+A】组合键选中"RLC 谐振电路幅频特性的仿真"文件中的所有内容，按【Ctrl+C】组合键执行复制命令；回到"RLC 谐振电路电压与电流的仿真"电路文件环境中，按【Ctrl+V】组合键执行粘贴命令。选中伯德图示仪图标，按【Delete】键将其删除。

方法二：在任务一的"RLC 谐振电路幅频特性的仿真"文件环境中（打开该文件），执行 File→Save As（另存为）命令，将该文件另存，在弹出的另存为对话框中，选择保存路径并输入"RLC 谐振电路电压与电流的仿真"文件名，然后单击【保存】按钮。选中伯德图示仪图标，按【Delete】键将其删除。

2）放置仿真仪表

单击仪表工具栏中的 Oscilloscope（双通道示波器）按钮，将其放置到电路窗口的合适位置；单击仪表工具栏中的 Current Probe（电流探测器）按钮，将其放置到 RLC 电路的连接线上，放置后如图 1-36 所示。

3）连接仿真仪表

按图 1-37 所示连接仪表。示波器 A 通道测量信号电压、B 通道与电流探测器结合测量信号电流。

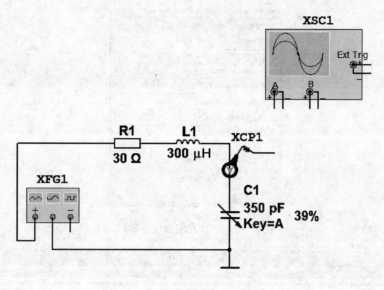

图 1-36   放置仿真仪表

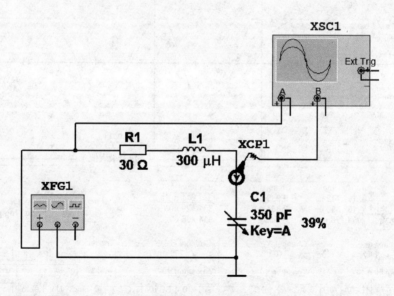

图 1-37   连接仿真仪表

4）仿真分析

选中函数信号发生器双击，弹出其设置窗口，如图 1-38 所示，设置其 Frequency（频率）为 787 kHz，Amplitude（幅值）为 10 mV；选中示波器双击，弹出其使用面板。

单击仿真按钮 ▣ 或 ▷ 开始仿真，信号稳定后，单击仿真工具栏中的按钮 ■，停止仿真。调节示波器的时间轴倍率为 500 ns/Div、通道 A 的显示倍率 10 mV/Div、通道 B 的显示倍率 200 mV/Div，拖动显示面板左右的光标轴到信号 B 的最大位置处，调整后的示波器显示窗口如图 1-39 所示。分析可知，电路发生谐振时，电路中的电压与电流同相位（同时达到最大值或最小值），此时电路中的电流达到最大值约为 0.3 mA。

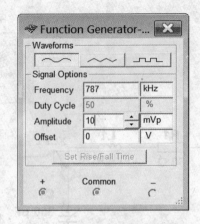

图 1-38　函数发生器设置窗口

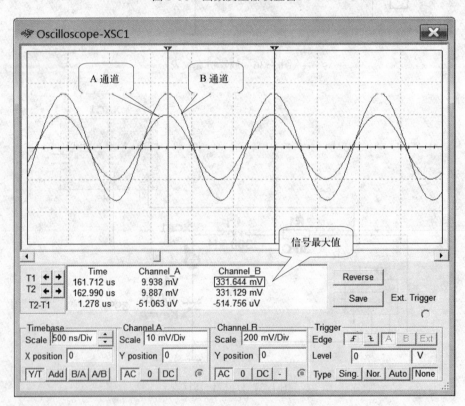

图 1-39　示波器显示窗口

拓展训练

一、一阶电路仿真分析

创建图 1-40 所示 RC 一阶电路仿真模型。函数信号发生器的设置面板如图 1-41 所示，其输出信号为方波，Frequency（频率）为 1 kHz，Duty Cycle（占空比）为 50%，Amplitude（幅值）为 10 V，Offset（偏置）为 0 V。仿真结果如图 1-42 所示。

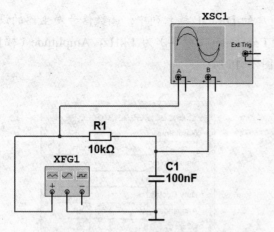

图 1-40 RC 一阶电路仿真模型

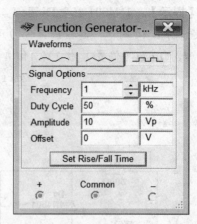

图 1-41 函数信号发生器的设置面板

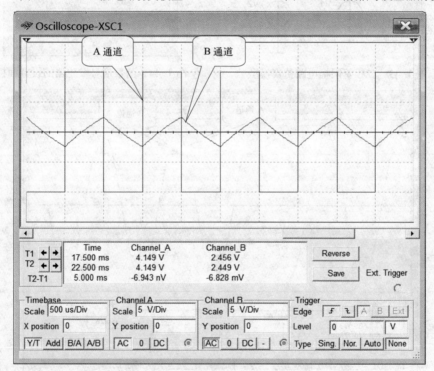

图 1-42 RC 一阶电路仿真结果

由仿真结果分析可知：方波经 RC 一阶电路后变为三角波。

多次改变电阻值，来改变电路的时间常数，并观察对输出波形的影响。调换电容元件与电阻元件的位置，观察输出波形；将电容元件换为电感元件，设置参数并观察输出波形。

二、二极管限幅电路仿真分析

在电子技术中，二极管电路得到广泛的应用，利用二极管的单向导电性，可构成各种限幅电路、开关电路、低电压稳压电路等。

创建图 1-43 所示二极管限幅电路仿真模型。

【提示】：1N4001 在 ᴰ Diode（二极管）库的 DIODE 族系列中；函数信号发生器的设置面板如图 1-44 所示，其输出信号为正弦波，Frequency（频率）为 1 kHz，Amplitude（幅值）为 5 V，Offset（偏置）为 0 V。仿真结果如图 1-45 所示。

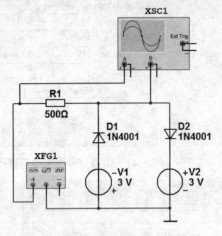

图 1-43　二极管限幅电路仿真模型

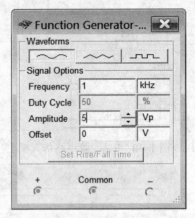

图 1-44　函数信号发生器的设置面板

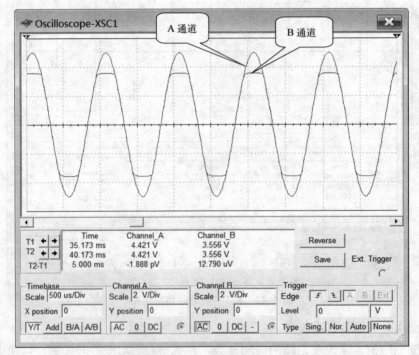

图 1-45　二极管限幅电路仿真结果

由仿真结果分析可知：输出端的信号被限制在了-3.6～3.6 V 之间。

三、晶体管单管放大电路仿真分析

在电子技术中，晶体管放大电路得到了广泛地应用。

创建图 1-46 所示的晶体管放大电路仿真模型。

【提示】：2N3904 在 Transistor（晶体管）库的 BJT_NPN 族系列中；函数信号发生器的设置面板如图 1-47 所示，其输出信号为正弦波，Frequency（频率）为 1 kHz，Amplitude（幅值）为 5 mV，Offset（偏置）为 0 V。仿真结果如图 1-48 所示。

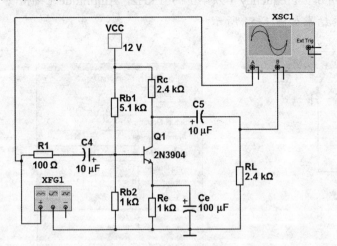

图 1-46　晶体管放大电路仿真模型

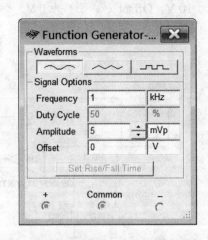

图 1-47　函数信号发生器的设置面板

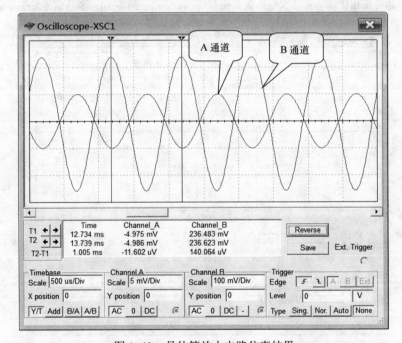

图 1-48　晶体管放大电路仿真结果

由仿真结果分析可知：输出信号与输入信号相位相反，幅值约为 236 mV，实现了电压放大。

四、运算放大电路仿真分析

理想运算放大器是一个具有无限大增益、无限大输入阻抗和零输出阻抗的放大器，可以实现信号间的多种运算，如加法、减法、微分、积分、求均值及信号的放大。

创建如图 1-49 所示反相比例运算放大电路仿真模型。

【提示】：运算放大器在 Analog（模拟器件）库的 ANALOG_VIRTUAL 族系列中；函数信号发生器的设置面板如图 1-50 所示，Frequency（频率）为 1 kHz，Amplitude（幅值）为 10 V，Offset（偏置）为 0 V。仿真结果如图 1-51 所示。

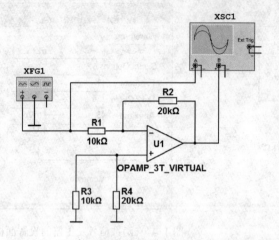

图 1-49　反相比例运算放大电路仿真模型

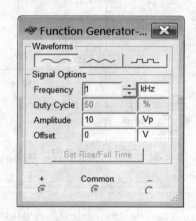

图 1-50　函数信号发生器设置面板

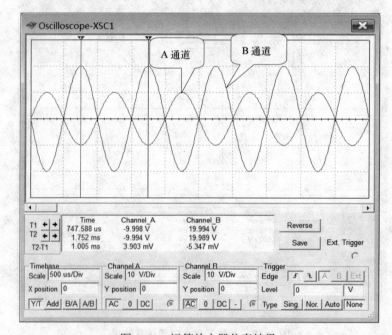

图 1-51　运算放大器仿真结果

由仿真结果分析可知：输出信号与输入信号相位相反，且被放大了 2 倍。

五、三角波发生电路仿真分析

三角波发生电路是模拟电子技术中重要的信号发生电路。

创建如图 1-52 所示的三角波发生电路仿真模型。

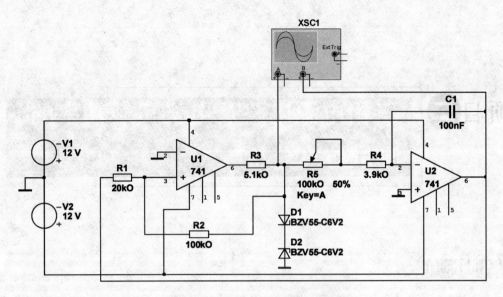

图 1-52　三角波发生电路仿真模型

【提示】：运算放大器 741 在 ᵗʰAnalog（模拟器件）库的 OPAMP 族系列中；稳压二极管在 ᵗʰDiode（二极管）库的 ZENER 族系列中；R_5 可调电阻元件（电位器）在 ᵂᵂBasic（基本元件）库中 POTENTIOMETER 族系列中。

三角波的幅值为（R_1/R_2）U_Z（U_Z=6.2 V），周期为 4（R_4+R_5）C（R_1/R_2），调节 R_5 可调节三角波频率。R_5 为 50 kΩ时，其仿真结果如图 1-53 所示，分析可知其幅值约为 1.2 V（计算值为 1.24 V），周期约为 4.5 ms（计算值为 4.3 ms）。

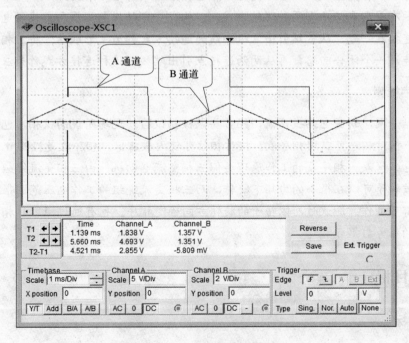

图 1-53　三角波发生电路仿真结果

项目二 三相电源电路及电机负载功率的测量仿真分析

项目简介

本项目通过"三相电源模型子电路的创建与测量仿真分析"、"三相电相序测试仿真分析"和"三相电动机负载功率的测量仿真分析"三个任务，熟悉 Multisim 中子电路的创建过程，掌握 Multisim 中电源、基本元件库的使用与电路模型的创建，熟悉万用表与功率表的使用方法。

一、三相电源

目前电能的生产、输送和分配，一般都采用对称三相制。对称三相制就是由三个频率相同、幅值相等、相位互差 120° 电角度的正弦电动势组成的电源系统。

三相电源有星形和三角形两种联结方式，以构成一定的供电体系向负载供电。将三相电源三个末端连接在一起，从首端引出三根导线的连接方式称为星形联结；将三相电源的首端与末端依次连成一个闭合回路，再从两两连接点引出端线，这种连接方式称为三角形联结。

二、相序检测

新发电站并网，新变电站投产前，经常要做核相试验，现场所说的核相，包括核对相序和核对相位。核对相序可以用相序表，核对相位可使用核相仪。相序表是检测 u、v、w 三相是否对应的电工仪表。相序表的工作原理类似三相交流电动机，由三相交流绕组和非常轻的转子组成，该转子可以在很小的力矩下旋转，而三相交流绕组的工作电压范围很宽，从几十伏～几百伏都可工作。测试时，依转子的旋转方向确定相序。也有通过阻容移相电路，不同相序由不同的信号灯显示相序。

学习目标

技能目标

（1）会创建三相电源电路及其子电路模型。

（2）能正确向电路中添加万用表、示波器与功率表。

（3）会进行三相电源电路的测量仿真及简单分析。

（4）会进行三相电源的相序仿真及简单分析。

（5）会进行三相电动机负载功率的测量仿真分析。

知识目标

（1）了解三相电源电路的相关知识。

（2）了解三相电动机负载功率测量的相关知识。

（3）熟悉 Multisim 中子电路的创建过程。

（4）掌握 Multisim 中电源、基本元件库的使用与电路模型的创建过程。

（5）熟悉万用表、示波器与功率表的使用方法。

任务一　三相电源模型子电路的创建与测量仿真分析

任务描述

（1）创建三相电源仿真电路模型如图 2-1（a）所示。

（2）创建三相电源的子电路模块如图 2-1（b）所示。

（3）用万用表测量接口间的电压值，然后判断各接口功能。

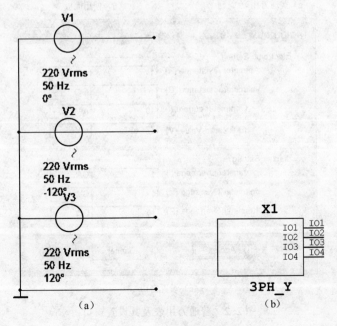

图 2-1　三相电源电路模型

相关知识

万用表

万用表常用来测量电压、电流、电阻与 DB 损耗，Multisim 中的万用表能自动调整测量范围，内部电阻接近理想值。

在 Multisim 的仪表工具栏中，提供了两种万用表，一种为普通万用表，一种为安捷伦高性能万用表；另外，在 Indicator（指示器）库中还分别提供了电压表与电流表。

1. 普通万用表

单击仪表工具栏中的 Multimeter（万用表）按钮，拖动鼠标将万用表放置到电路窗口的合适位置，如图 2-2（a）所示。选中万用表后双击，弹出万用表使用面板如图 2-2（b）所示，选择被测量后，单击 Set（设置）按钮弹出其内部设置对话框如图 2-2（c）所示。万用表的内部参数接近于理想值，在仿真时，万用表的内部参数可不作设置。

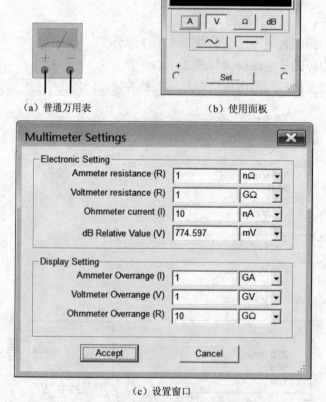

（a）普通万用表　　　　　（b）使用面板

（c）设置窗口

图 2-2　普通万用表及其设置窗口

将万用表添加到电路中时，有时为了连接的方便整洁，可编辑万用表的放置方向，同编辑元件方向的方法相同。连接时需注意表的正负极。

2．安捷伦万用表

单击仪表工具栏中的 Agilent Multimeter（安捷伦万用表）按钮▦，将其放置到电路窗口中，如图 2-3 所示。

安捷伦万用表具有测量交直流电压、电流、电阻、DB 损耗、输入电压信号的频率及二极管的测试等功能，多用于电子测量中。

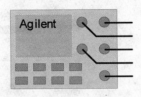

图 2-3　安捷伦万用表

3．指示器库中的电压表与电流表

单击元件库工具栏中的 Indicator（指示器）按钮▣，打开指示器库。其中 VOLTMETER 为电压表，可以测量交直流电压；AMMETER 为电流表，可以测量交直流电流。选择电压表后，在 Component 元件栏将会列出四种方向的电压表，水平正向、水平反向、垂直正向与垂直反向如图 2-4 所示。选择电流表后，同样会列出四种方向的电流表如图 2-5 所示。针对具体电路，选择不同方向的电压表或电流表，然后将其连接到电路中。

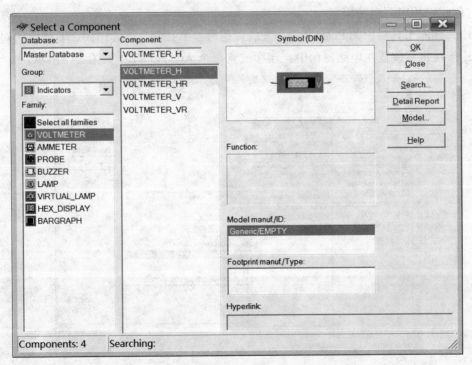

图 2-4　放置电压表

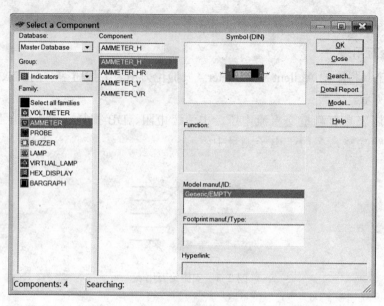

图 2-5　放置电流表

 任务实施

1）创建文件并保存

创建并保存"三相电源模型"电路文件。

2）创建三相电源电路模型

单击元件库工具栏中的 Place Source（放置信号源）按钮⁺，弹出图 2-6 所示的对话框，单击 OK 按钮将其放置在电路窗口中。连续放置三个 AC_POWER 如图 2-7 所示。

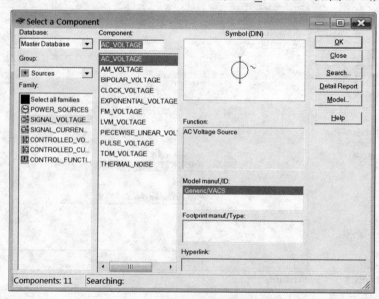

图 2-6　放置电源对话框

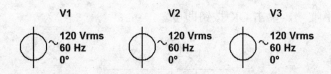

图 2-7 放置交流电源

选中电源 V1 双击，弹出交流电源属性设置对话框如图 2-8 所示，设置其 Voltage（RMS）（有效值）为 220 V，Frequency（F）（频率）为 50 Hz，Phase（相位）为 0°。设置 V2 与 V3 的有效值、频率与 V1 相等，相位分别设置为-120°与 120°。

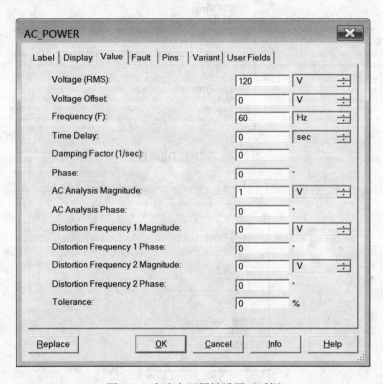

图 2-8 交流电源属性设置对话框

然后，框选 V1、V2 与 V3 右击，在弹出的快捷菜单中选择 90 Clockwise 或按快捷键【Ctrl+R】，执行顺时针方向旋转 90°命令。移动各电源位置，并将三相电源做星形联结如图 2-9 所示。连接电路时，若没有确定的连接终止点，在连线的终止点处，双击即可。

3）创建三相电源子电路

为了使电路简洁，将该三相电源电路设置为一子电路。

如图 2-10 所示给电路添加接口。执行 Place→Connectors→HB/SC Connector（放置接口）命令，或右击，在弹出的快捷菜单中执行 Place Schematic→HB/SC Connector 命令，或按快捷键【Ctrl+I】执行该命令，放置接口到电路窗口的合适位置，系统自动给出接口的参考序列号为 IO1，其接口方向不便于线路的连接，需将其进行水平方向翻转。之后复制该接口，将其粘贴到电路窗口中，其序号自动增加 1。在放置 IO4 时，系统会弹出如图 2-11 所示的警告窗口，提示接口名称不唯一，单击 OK 按钮即可。

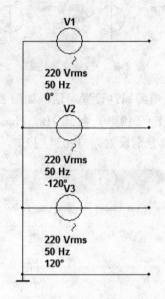

图 2-9　三相电源电路模型

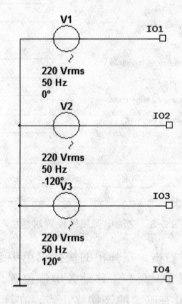

图 2-10　放置电路接口

图 2-11　"接口名称不唯一"警告窗口

按快捷键【Ctrl+A】选中图中的全部电路，然后执行 Place→Replace by Subcircuit（创建子电路）命令，或右击，在弹出的快捷菜单中执行 Replace by Subcircuit 命令，之后弹出输入子电路名称对话框，如图 2-12 所示，输入"3PH_Y"名称后，单击 OK 按钮，产生图 2-13 所示的三相电源子电路模块。

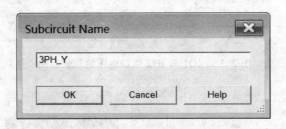

图 2-12 输入子电路名称对话框

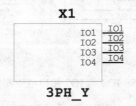

图 2-13 三相电源子电路模块

电路设计过程中，为了简化电路都可以将部分电路用一子电路来代替，仅需设置其关键接口。利用子电路可以将复杂电路模块化。

4）用万用表测量各接口间电压值并判断各接口功能

单击仪表工具栏中的 Multimeter（万用表）按钮，将其放置到电路窗口中并双击，弹出其使用面板如图 2-14 所示，设置被测量为交流电压。

图 2-14 设置万用表测量量

若测量 IO1 与 IO2 接口间的电压值，需将万用表的两端接到 IO1 与 IO2 接口，仿真结果如图 2-15 所示，由此可判断这两个接口为电源接口。若再次测量 IO2 与 IO3 接口间的电压值，仿真电路及结果如图 2-16 所示，由此可判断 IO3 也为电源接口。IO4 为地线接口。

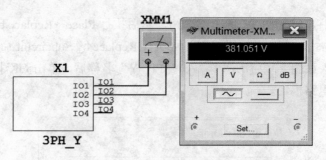

图 2-15　IO1 与 IO2 接口电压测量仿真图

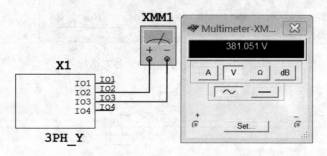

图 2-16　IO2 与 IO3 接口电压测量仿真

任选四个接口中的两个，分别进行两次测试，即可判断出电源（相线）与地线（零线，中性线）接口。

任务二　三相电相序测试仿真分析

任务描述

（1）在子电路环境中，创建三相电相序仿真模型如图 2-17 所示。

（2）仿真并判断三相电源的相序。

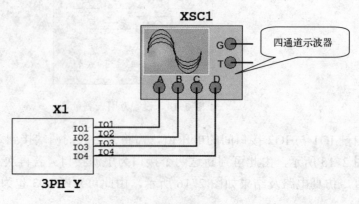

图 2-17　三相电相序仿真模型

相关知识

四通道示波器

单击仪表工具栏中的 4 channel oscilloscope（四通道示波器）按钮，将其放置到电路窗口中，如图 2-18 所示。打开其使用面板如图 2-19 所示。四通道示波器可同时将四个通道的信号显示在面板显示窗口，通过通道选择旋钮，可选择设置相应通道信号的显示倍率及位置，其设置使用方法与两通道示波器相类似。

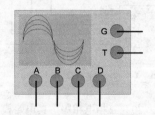

图 2-18 四通道示波器图标

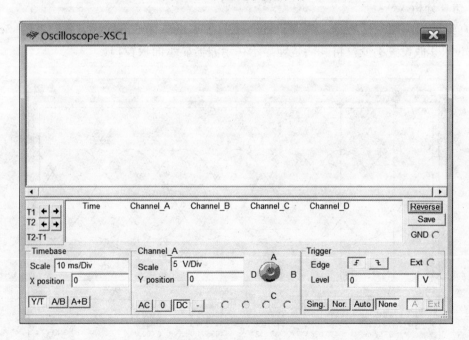

图 2-19 四通道示波器使用面板

任务实施

1）创建文件并保存

将该项目任务一的电路模型另存为"三相电相序仿真"电路文件，并删除万用表。

2）创建三相电相序仿真的电路模型

在子电路环境中，单击仪表工具栏中的 4 channel oscilloscope（四通道示波器）按钮▦，放置四通道示波器到电路窗口的合适位置，按如图 2-20 所示进行连接。

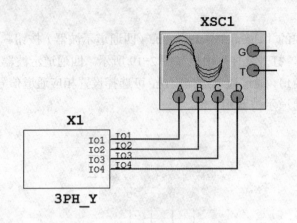

图 2-20　三相电相序仿真电路模型

3）仿真分析

仿真结果如图 2-21 所示。设置 Timebase 的 Scale 为 5 ms/Div，各通道的 Scale 为 200 V/Div，其他设置不变，将其清楚地显示在示波器显示面板窗口。

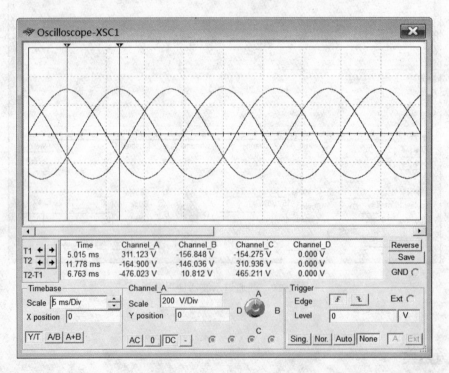

图 2-21　三相电相序仿真结果

由仿真结果可分析出 IO1、IO2、IO3 三个接口，分别为 U、V、W。单击电路窗口左侧的

Design Toolbox 中的 3PH_Y（X1）文件名，返回原电路窗口，双击各接口，弹出其属性设置对话框，修改各接口名称。之后，回到子电路窗口，可看到修改后的各接口名称如图 2-22 所示。

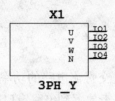

图 2-22　修改接口名称后的子电路模块

任务三　三相电动机负载功率的测量仿真分析

任务描述

（1）图 2-23 所示为三相电动机负载功率的测量仿真电路模型，其中图 2-23（a）为一瓦特功率测量法，图 2-23（b）为二瓦特功率测量法。

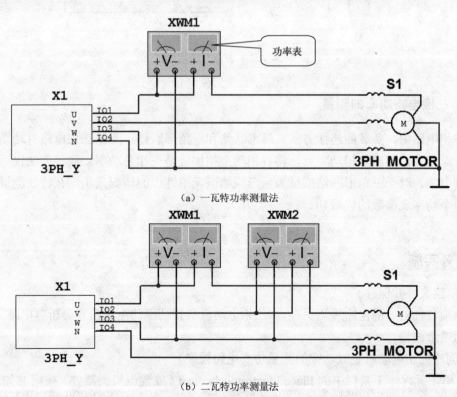

（a）一瓦特功率测量法

（b）二瓦特功率测量法

图 2-23　三相电动机负载功率的测量仿真电路模型

（2）分别用两种方法进行三相电动机功率的仿真测量。

相关知识

一、功率表

功率表又称瓦特表，是用来测量交直流电路的功率及功率因数，单击仪表工具栏中的 Wattmeter（功率表）按钮 ，将功率表放置到电路窗口中，如图 2-24（a）所示。双击，弹出其使用面板如图 2-24（b）所示，它有四个端子，左侧为 Voltage（电压）线圈并联到待测电路中，右侧为 Current（电流）线圈串联到待测电路中。

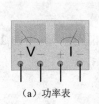

（a）功率表

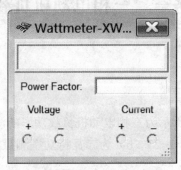

（b）使用面板

图 2-24　功率表及其使用面板

二、三相电路功率的测量

在三相电路中，负载的连接方法有星形联结和三角形联结。测量三相电路有功功率的方法很多，原则上，测出每相功率后，将各相功率相加就是三相总功率。此种方法仅适用于三相四线制电路。对于三角形联结或虽为星形联结但无中性线的情况采用二瓦特法测量，其总功率为两个功率表读数的代数和。

任务实施

1）创建文件并保存

将该项目任务二的电路模型另存为"三相电动机负载功率的测量仿真分析"电路文件，并删除四通道示波器。

2）创建三相电动机负载功率的测量仿真电路模型

（1）单击元件库工具栏中的 Place Electromechanical（放置电机类器件）按钮 如图 2-25 所示，在弹出的选择元件对话框中，选择 OUTOUT_DEVICES 族系列，按图 2-26 所示放置 3PH_MOTOR 三相电动机。

（2）单击仪表工具栏中的 Wattmeter（功率表）按钮 ，放置功率表。

图 2-25 放置电机类器件库图标

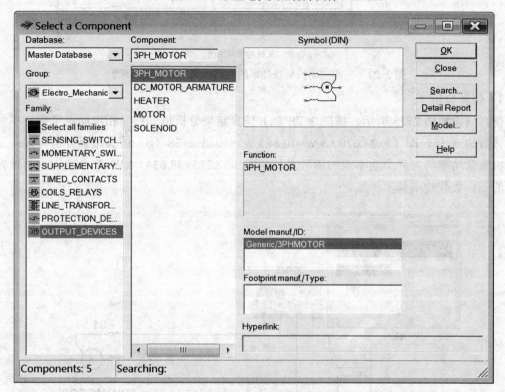

图 2-26 放置三相电动机对话框

（3）分别按如图 2-27（a）、（b）所示连接电路。

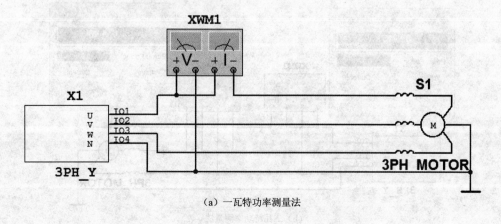

（a）一瓦特功率测量法

图 2-27 三相电动机负载功率的测量仿真电路模型

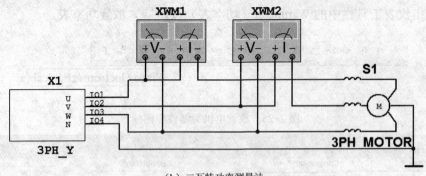

（b）二瓦特功率测量法

图 2-27　三相电动机负载功率的测量仿真电路模型（续）

3）仿真分析

仿真结果如图 2-28 所示。按图 2-28（a）仿真结果分析可知：三相电动机负载功率为功率表读数的 3 倍，即（3×23.620）kW=70.86 kW。按图 2-28（b）仿真结果分析可知：三相电动机负载功率约为两个功率表的读数之和，即（32.215+38.634）kW=70.85 kW。两种方法测得的三相负载功率基本一致。

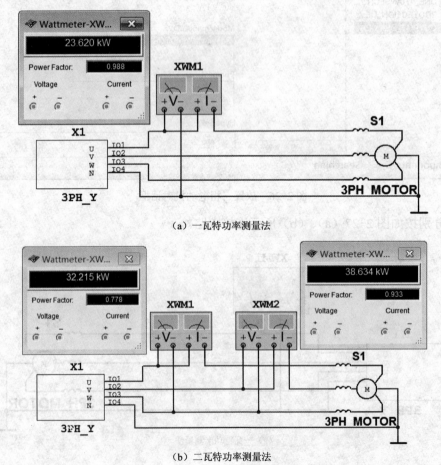

图 2-28　三相电动机负载功率的测量仿真结果

拓展训练

一、三人表决器子电路测试仿真分析

创建图 2-29 所示的三人表决器仿真电路模型，并将其用图 2-30 所示子电路表示，然后对图 2-31 所示电路进行建模与仿真。

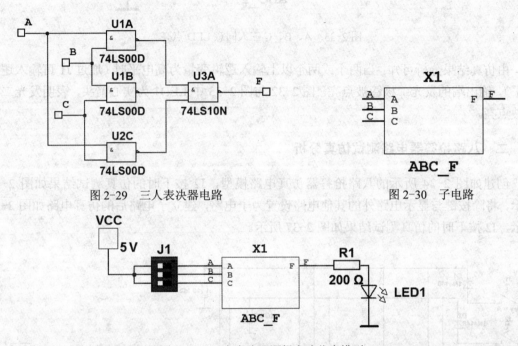

图 2-29　三人表决器电路　　　　　　　　图 2-30　子电路

图 2-31　三人表决器逻辑电路仿真模型

【提示】：74LS00D 与 74LS10N 在 TTL（Transistor-Transistor Logic，晶体管-晶体管逻辑门电路）库的 74LS 族系列中；J1 在 Basic（基本元件）库的 SWITCH 族系列中；LED1 在 Diode（二极管）库的 LED 族系列中。

执行仿真命令，电路的初始状态 ABC 输入均为低电平，可看到发光二极管不能被点亮；当 B、C 两人同意（输入逻辑变量为高电平）时，输出为高电平发光二极管被点亮，如图 2-32 所示；当 A、B、C 三人同意时，输出为高电平发光二极管被点亮，如图 2-33 所示。

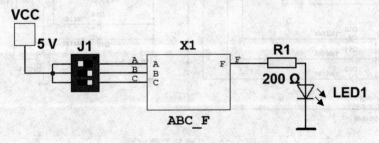

图 2-32　B、C 两人同意 LED 点亮

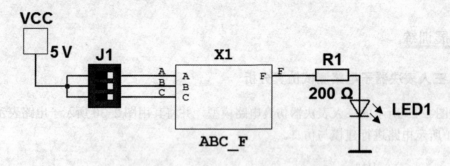

图 2-33　A、B、C 三人同意 LED 点亮

　　由仿真结果分析可知：当两个或两个以上输入逻辑变量为高电平时（通过 J1 可输入逻辑电平），输出端的发光二极管被点亮。图 2-32 与图 2-33 中 LED1 为实心箭头，表明发光二极管被点亮。

二、八路抢答器电路测试仿真分析

　　创建如图 2-34 所示的八路抢答器仿真电路模型，J2 按下时的仿真测试结果如图 2-35 所示。将除按键与显示电路外的其他电路设置为子电路，建立子电路后的仿真电路如图 2-36 所示，J2 按下时的仿真测试结果如图 2-37 所示。

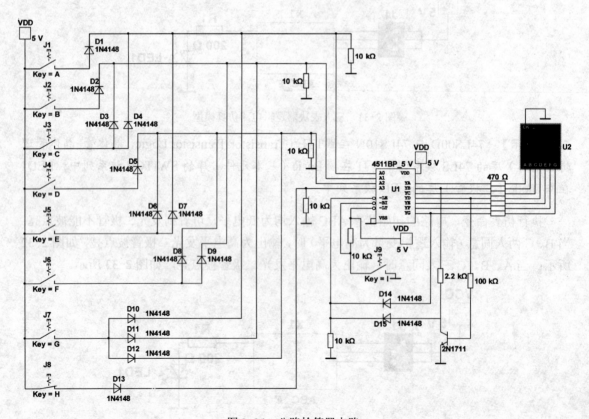

图 2-34　八路抢答器电路

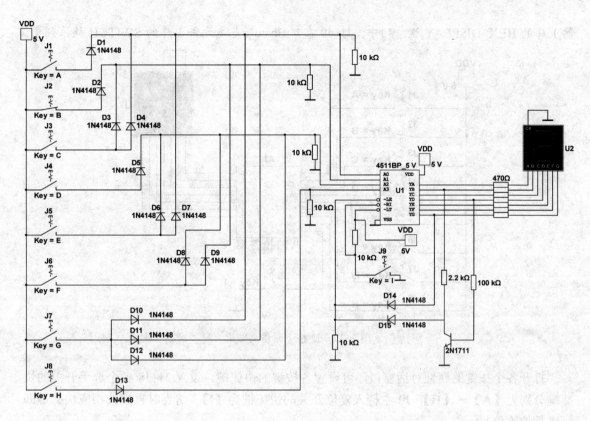

图 2-35 J2 按下时仿真结果

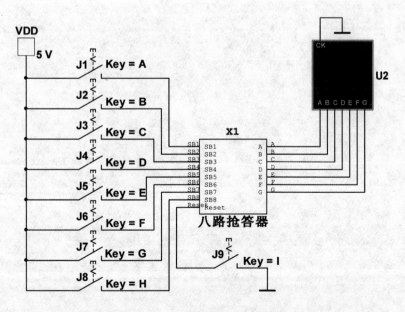

图 2-36 八路抢答器子电路模型

【提示】：4511BP_5V 在⬚CMOS（Complementary metal-oxide-semiconductor，互补金属氧化物半导体）库的 CMOS_5V_IC 族系列中；U2 共阴极七段数码管在⬚Indicator（指示

器）库的 HEX_DISPLAY 族系列中；J1~J9 在 Basic（基本元件）库的 SWITCH 族系列中。

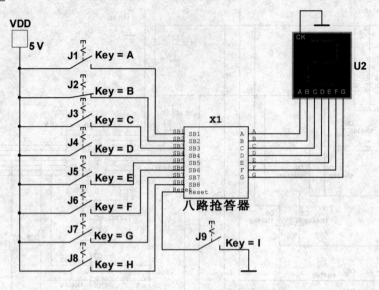

图 2-37　J2 按下时仿真结果

　　打开各个按键的属性对话窗口，可设置各按键的快捷键。设置 J1~J8 各个选手开关的快捷键分别为【A】～【H】，J9 主持人复位开关的快捷键为【I】，仿真时直接按相应快捷键即可进行抢答仿真。

项目三 | 555 定时器电路的设计仿真分析

项目简介

本项目通过"向导创建 555 单稳态触发电路"和"555 定时器电路仿真分析"两个任务，熟悉 Multisim 中利用向导设计电路的过程，熟悉完成电路设计后的仿真分析过程。

一、555 应用电路

555 集成定时器，是一种模拟和数字电路相结合的集成电路，广泛用于信号的产生、变换、控制与检测，其引脚功能如图 3-1 所示。

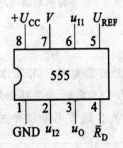

图 3-1　555 芯片引脚功能

555 典型的应用电路有多谐振荡器电路如图 3-2 所示，其高电平维持时间约为 $0.7(R_1+R_2)C$，

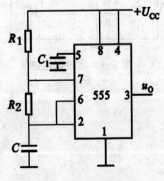

图 3-2　多谐振荡器电路

低电平维持时间约为 $0.7R_2C$；单稳态触发器电路如图 3-3 所示，充电时间（输出高电平维持时间）约为 $1.1RC$；施密特触发器电路如图 3-4 所示，用于波形变换、波形整形、鉴幅等。

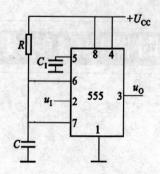

图 3-3　单稳态触发器电路

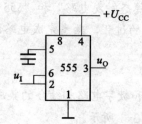

图 3-4　施密特触发器电路

二、555 定时器电路

本项目将利用向导设计一单稳态触发器电路，用来作为定时器电路的基础电路。要求该延时电路的延时时间约为 1 s。常见的 555 定时器电路如图 3-5 所示，R_P 用来调节延时时间的长短。在触摸延时开关电路中，开关 S 通常用触摸开关来代替。

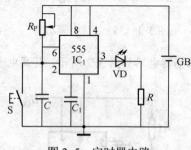

图 3-5　定时器电路

学习目标

技能目标

（1）在 Multisim 中，会利用向导设计 555 应用电路。

（2）用向导设计电路后，会进行电路模型的修改。

（3）熟练使用示波器测试仿真信号。

知识目标

（1）掌握 Multisim 中利用向导设计电路的方法。

（2）掌握利用向导设计电路后，电路模型的修改方法。

（3）掌握示波器测试仿真信号的方法。

任务一　使用向导创建 555 单稳态触发器电路

 任务描述

要求利用软件向导设计一 555 单稳态触发器电路，并对其进行仿真分析。

 相关知识

Multisim 中利用向导创建电路

执行 Tools→Circuit Wizards（电路向导）命令如图 3-6 所示，看到 Multisim 中可利用向导设计的电路有 555 Timer Wizard（555 定时器向导）、Filter Wizard（滤波器向导）、Opamp Wizard（运算放大器向导）、CE BJT Amplifier Wizard（晶体管放大器向导）。

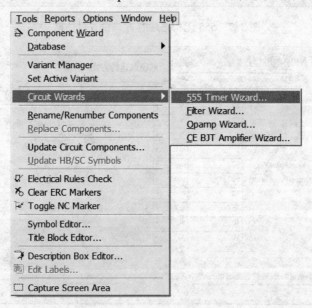

图 3-6　电路向导命令

任务实施

1）创建文件并保存

创建文件并将其保存为"555 单稳态触发器电路"文件。

2）利用向导创建电路

执行 Tools→Circuit Wizards→555 Timer Wizard（555 定时器向导）命令，将会弹出向导设置对话框，从 Type 栏中的选项列表可知 555 定时器电路有两种工作方式：Astable Operation（无稳态运行）方式的电路参数设置对话框如图 3-7 所示；Monostable Operation（单稳态运行）方式的电路参数设置对话框如图 3-8 所示。

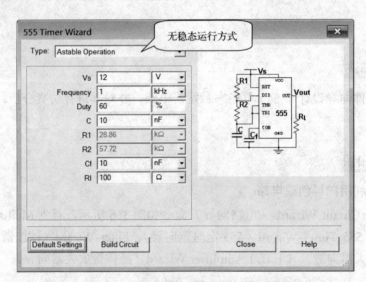

图 3-7　555 无稳态运行方式设置对话框

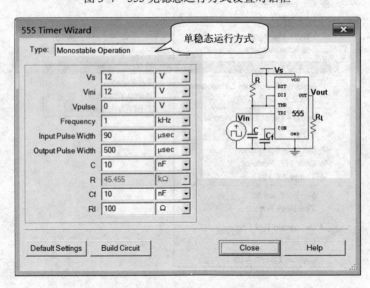

图 3-8　555 单稳态运行方式设置对话框

选择单稳态运行方式时，其参数设置栏中的各项内容如下：Vs（电压源）；Vini（输入信号高电平电压）；Vpulse（输入信号低电平电压）；Frequency（频率）；Input Pulse Width（输入脉冲宽度）；Output Pulse Width（输出脉冲宽度）；C（电容值）；R（电阻值）；Cf（电容值）；Rl（电阻值）。

各项参数按默认设置，单击图 3-8 中的 Build Circuit（创建电路）按钮，即可生成单稳态定时电路，然后在电路设计窗口合适的位置单击，即可放置电路，放置后的电路如图 3-9 所示。

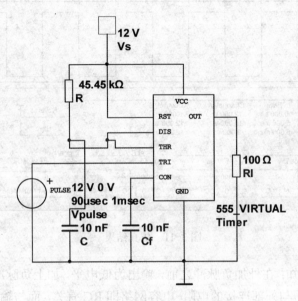

图 3-9 单稳态定时电路

3）仿真分析电路

如图 3-10 所示，向已创建的单稳态定时电路中添加双通道示波器，进行仿真，仿真结果如图 3-11 所示。

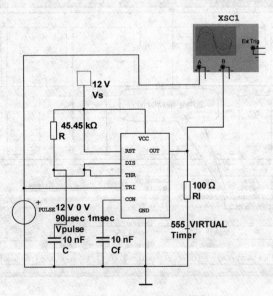

图 3-10 555 仿真电路模型

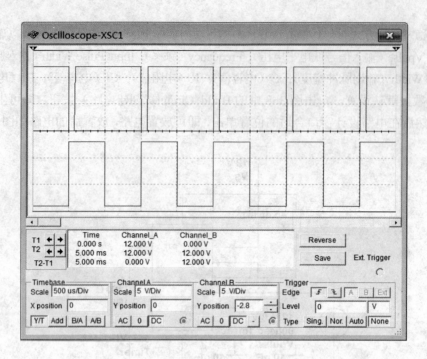

图 3-11　仿真结果

　　由图 3-11 分析可知：在外加负脉冲之前，输出为低电平，加上负脉冲后，输出为高电平，高电平维持的时间长短与外部连接的电阻-电容网络即 RC 有关，而与输入电压无关。采用默认设置的电路，在外加负脉冲时，移动光标轴，如图 3-12 所示可知高电平维持的时间即延时时间为 503 μs。根据图 3-9 的参数 $R=45.45$ kΩ，$C=10$ nF，可计算出延时时间约为 $1.1R{\times}C=500$ μs，与仿真结果基本一致。

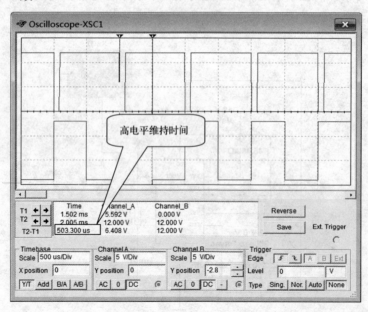

图 3-12　延时时间分析图

任务二　555 定时器电路仿真分析

任务描述

要求在任务一的基础上，创建延时约 1 s 的手动按钮定时器电路。

相关知识

555 定时器电路

如图 3-13 所示的 555 定时器电路，图示状态时，电路稳态输出为低电平；按下 J1 开关即输入端加入负脉冲时，电路进入暂稳态，输出为高电平，若要设计高电平维持时间即电路的定时时间约为 1 s，可通过计算设置 R=100 kΩ，C=10 μF（延时时间为约 1.1 s）。

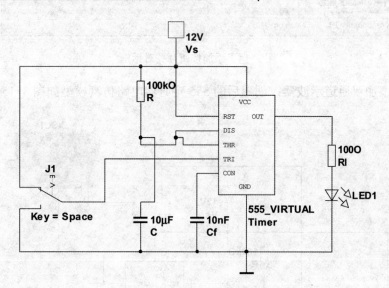

图 3-13　555 定时器电路

任务实施

1）创建文件并保存

将任务一的电路文件另存为"555 定时器电路"文件。

2）创建 555 定时器电路模型

将任务一电路文件中的脉冲信号替换为按钮开关，并添加发光二极管元件，按图 3-13

所示创建 555 定时器电路模型。按钮开关在 Basic（基本元件）库的 SWITCH 族系列中，按如图 3-14 所示进行添加。

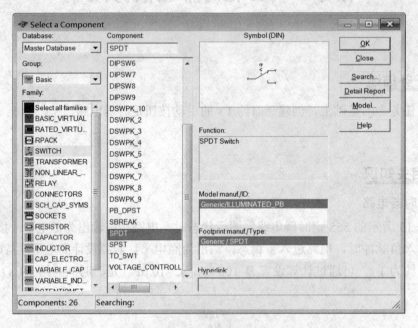

图 3-14　添加按钮开关对话框

向电路中添加双通道示波器，创建后的 555 定时器电路仿真模型如图 3-15 所示。

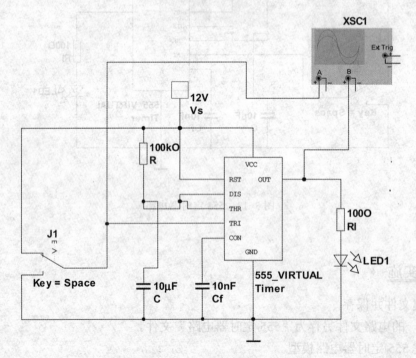

图 3-15　555 定时器电路仿真模型

3）仿真分析

执行仿真命令进行仿真，单击按下 J1 开关（给输入端负脉冲），或按【Space】键按下 J1 开关，可看到发光二极管被点亮，大约 1 s 后发光二极管熄灭。示波器上显示的仿真结果如图 3-16 所示，移动光标轴，分析出发光二极管点亮的时间（输出端维持高电平的时间）长约为 1.1 s，与设计的延时时间相一致。

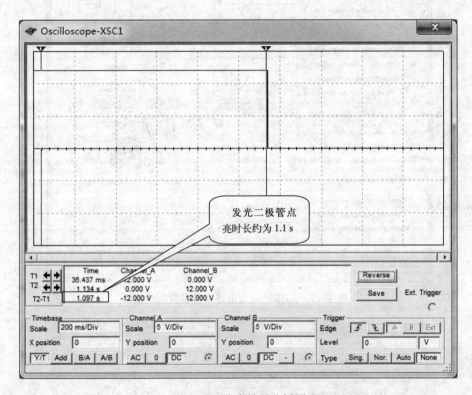

图 3-16   仿真结果分析图

拓展训练

一、利用向导设计晶体管放大电路并进行测试仿真分析

已知：放大电路参数：晶体管放大系数 h_{fe}=50；输入交流信号源的峰值电压为 5 mV，频率为 1 kHz，信号源内阻为 100 Ω；电源 V_{cc}=12 V，负载 R_l=4 kΩ；静态工作点的 I_c=1.5 mA。

【提示】：执行 Tools→Circuit Wizards→CE BJT Amplifier Wizard（晶体管放大向导）命令，弹出晶体管放大电路参数设置对话框，根据已知按图 3-17 进行参数设置。

设置完参数后单击 Verify（修正）按钮，如图 3-18 所示，系统会自动计算出晶体管放大电路的其他参数，如电压放大倍数等。

然后，单击 Build Circuit（创建电路）按钮，光标上会附着创建好的电路，移动光标将其放置到电路窗口合适位置如图 3-19 所示。

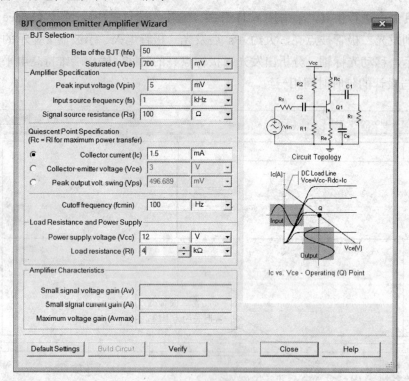

图 3-17　晶体管放大电路参数设置对话框

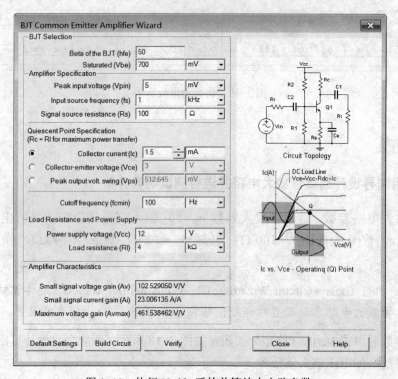

图 3-18　执行 Verify 后的单管放大电路参数

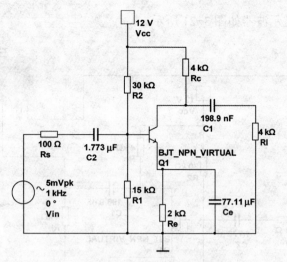

图 3-19　创建完的单管放大电路图

　　电路中的 R1、R2 及 C1、C2、Ce 的值系统会根据参数的设置自动计算出，其中 C1、C2、Ce 的值与 Cutoff frequency（f_{cmin}）（截止频率）的设置有关。

　　参数设置过程中，静态工作点 Ic 的设置较为关键，设置的过大则晶体管工作在饱和区会引起饱和失真，设置的过小则晶体管工作在截止区会引起截止失真，若将 Ic 设置为 2 mA，如图 3-20 所示则会提示放大电路进入饱和区，同时无电压电流增益。

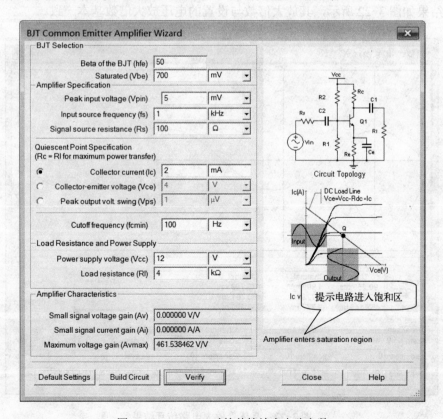

图 3-20　I_c＝2 mA 时的单管放大电路参数

向电路添加双通道示波器如图 3-21 所示。

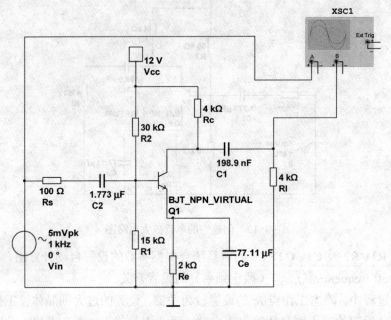

图 3-21　晶体管放大电路仿真模型

仿真结果如图 3-22 所示，其放大倍数与设置的电压放大倍数基本一致。

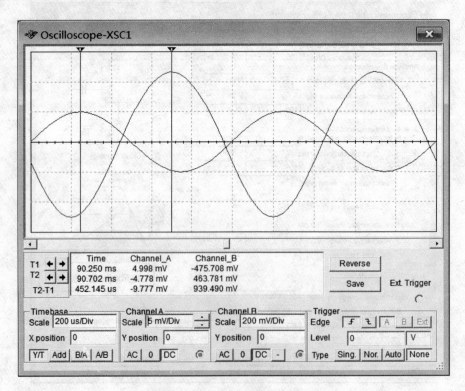

图 3-22　晶体管放大电路仿真结果

二、利用向导设计运算放大器电路并进行测试仿真分析

利用向导设计反向比例运算放大器电路，其电压放大倍数为 −5，并仿真测试分析。

【提示】：执行 Tools→Circuit Wizards→Opamp Wizard（运算放大向导）命令，弹出运算放大向导设置对话框，根据已知按图 3-23 进行参数设置，Voltage Gain（电压增益）为-5。

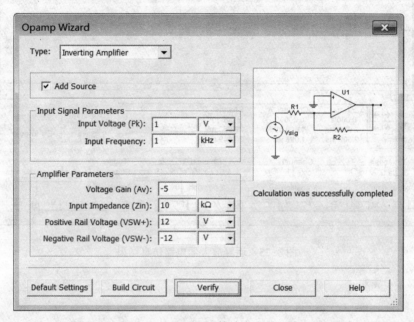

图 3-23　Opamp Wizard（运算放大向导）设置对话框

向导设置参数后，单击 Build Circuit（创建电路）按钮，创建如图 3-24 所示反向比例放大器电路，仿真结果如图 3-25 所示，可看到仿真结果为：输入信号被反向放大了 5 倍（通道 A 显示比例为 1 V/Div，通道 B 显示比例为 5 V/Div）。

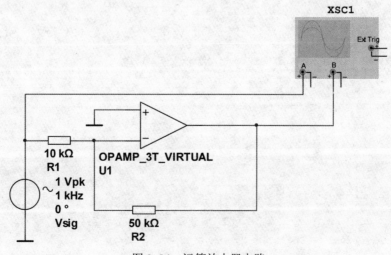

图 3-24　运算放大器电路

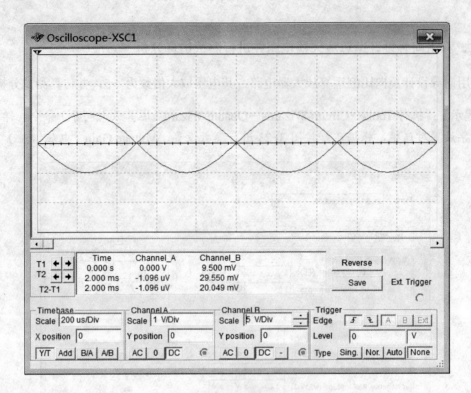

图 3-25　运算放大器电路仿真结果

印制电路板即 PCB（Printed Circuit Board），习称印刷电路板，它是把两层到几百层电路压缩到一张不到一厘米厚的板子中的工艺技术。随着电子技术的不断发展，印制电路板被广泛应用于航空、航天设备、工厂设备、家用电器、生活用品的各个领域。

印制电路板的设计与制作多借助于电子设计自动化 EDA（Electronic Design Automation）技术，该技术是以计算机为工作平台，融合应用电子技术、计算机技术、智能化技术而研制成的电子 CAD 通用软件包，代表了当今电子技术的最新发展方向。它不仅具有强大的设计能力，还具有测试、分析及管理的功能，可完整实现电子产品从电学观念设计到生成物理生产数据的全过程，成为当今电子系统设计不可缺少的重要手段。

目前，国内使用较为广泛的 EDA 软件是 Altium 公司研制的 Protel 系列软件，该软件版本不断升级，功能越来越强大，使用者约占各类电子电路设计人员总数的 80%以上，并且包括很大一部分 PCB 专业设计人员。在电子设计行业中，使用电路辅助设计软件对产品进行辅助设计已经成为每一个电子设计工程师所必须掌握的一项技能。

学习"项目四"之前可先学习附录 B"Protel DXP 2004 软件概述"。

本篇采用 Protel DXP 2004 软件环境，通过"直流电源适配器电路的印制电路板设计与制作"、"数字秒表电路的印制电路板设计与制作"与"单片机最小控制系统的印制电路板设计与制作"三个项目，介绍印制电路板设计的过程及相关知识。

项目四 直流电源适配器电路的印制电路板设计与制作

项目简介

　　本项目需设计+5 V直流电源适配器电路的印制电路板图。通过"直流电源适配器的电路原理图设计"和"直流电源适配器电路的印制电路板设计与制作"两个任务，熟悉印制电路板设计软件的基本操作，了解印制电路板的设计制作流程，熟悉印制电路板的相关基本术语，了解印制电路板设计制作过程中的元件布局与元件布线原则，了解印制电路板的工艺。

　　电源是位于市电与负载之间，向负载提供稳定优质电能的供电设备，是电气工业的心脏。电源技术是一种应用功率半导体器件、综合电力变换技术、现代电子技术、自动控制技术的边缘交叉技术。随着科学技术的发展，电源技术又与现代控制理论、材料科学、电机工程、微电子技术等领域密切相关。目前电源技术已逐步发展成为一门多学科互相渗透的综合技术学科。它已渗透到了现代通信、电子仪器、计算机、工业自动化、电力工程、国防及某些高新技术领域，并为这些领域提供高质量、高效率、高可靠性的电源起着关键作用。

　　当今社会人们极大地享受着由电子设备带来的便利，任何电子设备都带有电源适配器。电源适配器是小型便携式电子设备供电电源变换设备如图4-1所示，其电路主要由电源变压器、整流电路、滤波电路和稳压电路组成，广泛配套于电话子母机、游戏机、语言复读机、随身听、手机等设备中。

图4-1　直流电源适配器

学习目标

技能目标

（1）会创建原理图"*.SchDoc"文件、PCB"*.PcbDoc"文件及PCB项目"*.PrjPCB"文件，并将原理图文件与PCB文件用同一项目文件进行管理。

（2）能熟悉基本元件库并能从中找出常用元件。

（3）会加载指定元件集成库。

（4）会正确设置原理图中的元件属性。

（5）会运用视图控制、元件放置与元件属性修改时的快捷键。

（6）会元件编辑操作，如元件的选中、删除、复制、剪切、粘贴、对齐、旋转、拖动等操作。

（7）会正确用导线连接命令，进行原理图元件间的连接。

（8）会原理图规则设置与规则检查。

（9）会设计印制电路板尺寸。

（10）会原理图与PCB图的信息转换与同步更新。

（11）能熟悉元件的常用封装与封装模型。

（12）能运用元件布局基本原则进行元件布局。

（13）会设置固定元件的位置。

（14）会正确设置印制电路板的布线规则如布线层、布线宽度等的设置。

（15）会取消元件、网络等的布线并能手动调整不合理布线。

（16）会设置PCB板的安装定位孔。

（17）会进行PCB板设计规则检查。

（18）会生成印制电路板的元器件报表。

知识目标

（1）掌握创建原理图"*.SchDoc"文件、PCB"*.PcbDoc"文件及PCB项目"*.PrjPCB"文件的操作方法，并掌握原理图文件与PCB文件用同一项目文件进行管理的操作方法。

（2）熟悉元件库面板并熟悉基本元件库。

（3）掌握元件集成库的加载与删除操作方法。

（4）掌握元件属性的设置方法。

（5）掌握视图控制、元件放置与元件属性修改时的快捷键。

（6）掌握元件的编辑操作如元件的选中、删除、复制、剪切、粘贴、对齐、旋转、拖动等操作。

（7）掌握元件的导线连接操作方法。

（8）熟悉原理图规则设置与规则检查的相关知识。

（9）熟悉印制电路板尺寸设计操作方法。

（10）掌握原理图与 PCB 图的信息同步更新操作方法。

（11）了解元件的常用封装与封装模型。

（12）了解元件布局的基本原则。

（13）了解固定元件的位置设置方法。

（14）熟悉印制电路板的布线规则设置如布线层、布线宽度等的设置方法。

（15）掌握取消布线与交互式手动调整布线的操作方法。

（16）熟悉安装定位孔的放置与设置方法。

（17）了解 PCB 设计规则检查。

（18）掌握元器件报表的生成方法。

任务一　直流电源适配器的电路原理图设计

任务描述

（1）图 4-2 为 +5 V 电源适配器电路图，其所用元件清单如表 4-1 所示。依据该电路图，在 Protel 中绘制 +5 V 电源适配器电路的电路原理图。

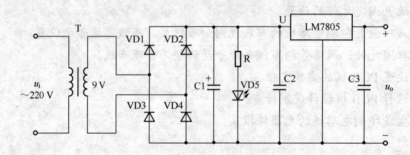

图 4-2　+5 V 直流电源适配器电路图

表 4-1　直流电源适配器元件清单表

序　号	元 件 符 号	元 件 名 称	元 件 参 数
1	T	电源变压器	220/9 V
2	VD1～VD4	二极管	1N4001×4
3	U	三端集成稳压器	LM7805
4	R	电阻元件	1 kΩ
5	C1	电解电容元件	2 200 μF/16 V
6	C2	纸介电容元件	0.33 μF
7	C3	纸介电容元件	0.1 μF
8	VD5	发光二极管	Φ3，红色

（2）将完成的图形以"直流电源适配器.SchDoc"为文件名保存在自己的文件夹中。

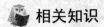 **相关知识**

一、项目文件

1. 项目文件

Protel DXP 2004 中，相关联的文件是通过同一项目文件进行管理。在进行印制电路板设计时，一般需先绘制电路原理图，再绘制印制电路板图，这两个文件之间的信息是相互关联的，可实现两个文件信息的同步更新。因此，在进行印制电路板设计时，需创建项目文件来管理相关联的电路文件，它可包含两个或更多个文件。

Protel 是以 Project 项目为中心的文件管理形式，每个产品的印制电路板设计都可以看成是一个项目（文件类型为*.PrjPCB），项目中包含与该设计相关联的各种文件如原理图文件（类型为*.SchDoc）、印制电路板文件（类型为*.PcbDoc）、库文件（包括原理图库文件，类型为*.SchLib；印制电路板库文件，类型为*.PcbLib）等，这些与该设计相关联的文件可以存储在任意目录中。项目对关联文件的管理仅包含这些文件的名称以及存储位置等信息，但不包含这些文件本身。这种项目管理形式，可以方便地访问不同存储目录下的相同项目设计文件。

如果只是进行一项单独的设计工作，如仅设计一张电路原理图或仅设计一张印制电路板图，可以不需要创建任何项目，而直接创建文件，系统会把该文件作为自由文件来处理，在需要时随时将其加入项目中管理即可。

2. 创建项目文件

如图 4-3（a）所示，执行【文件】→【创建】→【项目】→【PCB 项目】命令；或如图 4-3（b）所示，执行 Files（文件）工作面板中的【创建】区中的 Blank Project（PCB）执行创建项目文件命令。创建项目文件后，Projects 项目工作面板中将出现名为 PCB__Project1.PrjPCB 的 PCB 项目文件如图 4-4 所示。

3. 保存项目文件

执行【文件】→【保存项目】命令，或在项目工作面板中的项目文件名称上右击，在弹出的快捷菜单中选择【保存项目】命令，将该项目保存为"直流电源适配器.PrjPCB"（文件的类型可自动生成，不需要键入）。

4. 给项目文件添加文件

在项目工作面板中的项目文件名称上右击，在弹出的快捷菜单中执行【追加新文件到项目中】命令，弹出可以添加到项目中的文件类型如图 4-5 所示，执行 Schematic 命令可创建原理图文件并添加到项目文件中；执行 PCB 命令可创建 PCB 文件并添加到项目文件中；执行 Schematic Library 命令可创建原理图库文件并添加到项目文件中；执行 PCB Library 命令可创建 PCB 库文件并添加到项目文件中。系统会自动给出所创建文件的文件名，执行这几个命令后的项目工作面板如图 4-6 所示，可看到该项目下包含刚创建的四个文件。

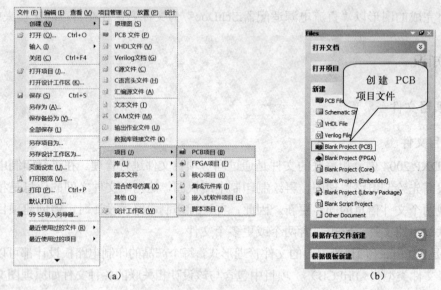

（a）　　　　　　　　　　　　　（b）

图 4-3　创建 PCB 项目命令

图 4-4　创建 PCB 项目后的项目工作面板

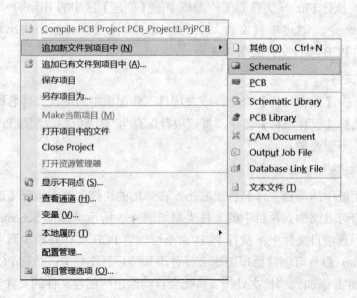

图 4-5　追加新文件到项目文件中

图 4-6　已追加到项目中的新文件

另外，也可以追加已有文件到项目文件中。

5. 项目文件的打开与关闭

执行 Files（文件）工作面板中的【打开项目】区中的 More Projects 命令，找到需打开的项目文件所在路径，打开项目文件，查看 Projects（项目）工作面板，可以看到在项目文件打开的同时，该项目的所属文件列表也被打开了。

若要将该项目文件下的所有文件同时打开，可在 Projects（项目）工作面板中找到该项目文件，在其上右击，在弹出的快捷菜单中选择执行【打开项目中的文件】命令，即可将该项目的所有文件全部打开。或直接双击项目下的每个文件，也可逐个将每个文件打开。

若要将该项目及其所属文件全部关闭，可在 Projects（项目）工作面板中找到该项目文件，在其上右击，在弹出的快捷菜单中执行 Close Project 命令，即可将该项目及该项目的所属文件全部关闭。若仅需关闭项目中的文件，在弹出的快捷菜单中，执行【关闭项目中的文件】命令。

二、电路原理图文件

1. 电路原理图文件

电路原理图是指说明电路中各个电子元器件连接关系的图纸，它不涉及元器件的具体大小、形状，而只涉及元器件的符号和相互之间的连接关系。绘制电路原理图的过程，就是将设计思路用标准的电子元器件图形符号在图纸上表达出来的过程。电路原理图设计主要是利用 Protel Schematic（原理图编辑器）来绘制一张正确、精美的电路原理图。在此过程中，要充分利用原理图编辑器所提供的各种绘图工具、元件库以及各种编辑功能。

2. 创建原理图文件

执行【文件】→【创建】→【原理图】命令；或单击 Files（文件）工作面板中的【创建】区中的 Schematic Sheet 执行创建原理图文件命令。创建的原理图文件会列在 Projects 项目工作面板中，系统默认给出的文件名称为"Shcct1.SchDoc"。执行创建原理图文件命令后，系统会自动进入原理图文件环境。

3．电路原理图文件设计环境

电路原理图文件设计环境主界面如图 4-7 所示。

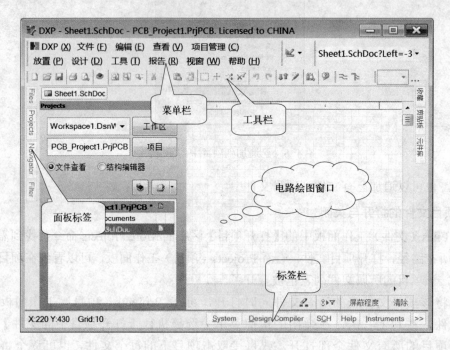

图 4-7　电路原理图工作环境

1）菜单栏

在原理图设计过程中，对原理图的各种操作，都可以通过菜单栏中的相应命令来完成。原理图设计环境中的菜单栏如图 4-8 所示。

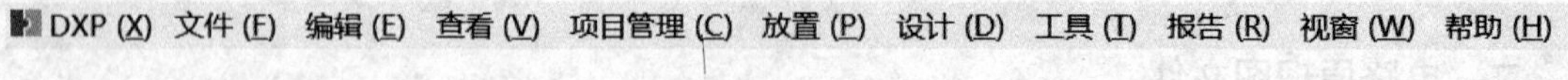

图 4-8　菜单栏

2）工具栏

（1）标准工具栏如图 4-9 所示，它将一些常用的文件操作，如创建、打开、缩放、复制、粘贴、帮助等，以按钮的形式表示出来，方便用户操作使用。

图 4-9　标准工具栏

（2）配线工具栏如图 4-10 所示，该工具栏主要用于放置原理图中的元件、导线、电源、地、端口等。执行【查看】→【工具栏】→【配线】命令，可以将配线工具栏关闭或打开。另外，原理图设计中的放置元件、导线、电源、地、端口等操作也可通过【放置】菜单（见图 4-11）来进行相关操作，或通过电路窗口右击，在弹出的快捷菜单中（见图 4-12）来进行相关操作。

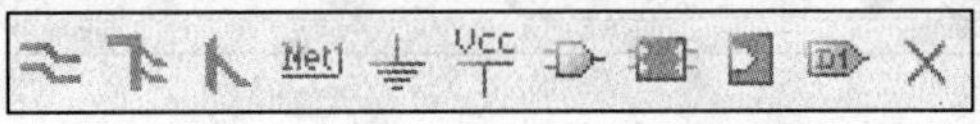

图 4-10　配线工具栏

图 4-11　【放置】菜单

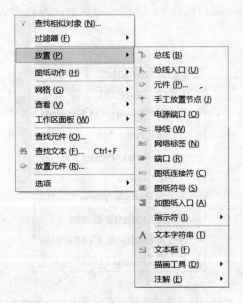

图 4-12　右键快捷【放置】菜单

（3）实用工具栏如图 4-13 所示，该工具栏主要用于绘制原理图中的标注信息、对元件位置进行调整、排列，放置电源与地符号，放置电路中的常用元件等。执行【查看】→【工具栏】→【实用工具】命令，可以将实用工具栏关闭或打开。

图 4-13　实用工具栏

3）标签栏

打开或创建了原理图文件后，标签栏将自动添加 SCH 标签如图 4-14 所示，单击此标签可以方便地打开原理图编辑环境中用到的 Filter（过滤器）面板、Inspector（检查器）面板、List（列表）面板及【图纸】面板。

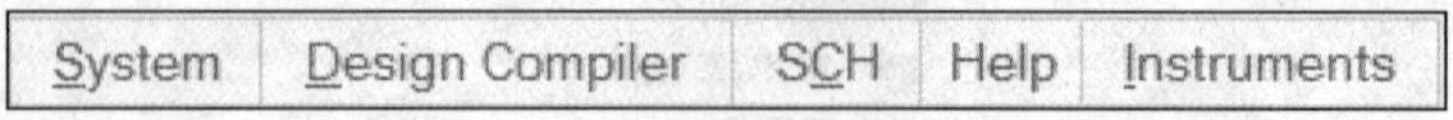

| System | Design Compiler | SCH | Help | Instruments |

图 4-14　原理图环境下的标签栏

4）原理图编辑环境设置

执行 DXP→【优先设定】命令；或在原理图编辑窗口右击，在弹出的快捷菜单中，执行【选项】→【原理图优先设定】命令，将会弹出原理图优先设定对话框，在弹出的对话窗口左侧，单击 Schematic 前的⊞，可将原理图的各个环境设置项打开（见图 4-15）。该对话框共有九个选项，General（常规设置）、Graphical Editing（图形编辑）、Compiler（编译器）、Auto Focus（自动聚焦）、Grids（网格）、Break Wire（打断连线）、Default Units（默认单位）、Default Primitives（默认图元）、Orcad （tm）（端口操作）。通过该对话框，可以设置原理图的绘图环境。一般采用系统的默认环境。

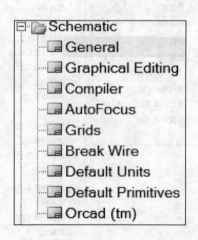

图 4-15　原理图优先设定对话框中的 Schematic 项

5）恢复桌面布局

在绘图过程中，若菜单栏、工具栏及工作面板被无意关掉，执行【查看】→【桌面布局】→Default 默认命令，可将原理图桌面环境还原为默认状态。或通过标签栏中的 System（系统）标签，打开常用的 Files（文件）面板、Projects（项目）面板等常用面板。

三、元件库面板与实用工具栏

1．元件库面板

元件库面板是设计原理图时的重要使用面板，通过它可以查找、放置原理图所需的元件。元件库面板如图 4-16 所示，系统默认加载显示的元件库为 Miscellaneous Devices.IntLib 常用基本元件库。

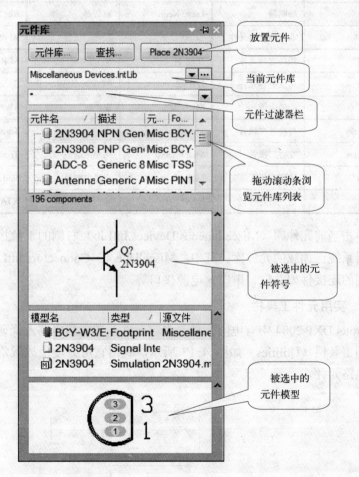

图 4-16　元件库面板

Miscellaneous Devices.IntLib 常用基本元件库中，包含了电路原理图中的常用元件如电阻元件、电容元件、二极管、三极管、可控硅等，拖动浏览元件列表所用滚动条，或按上下光标移动键，可浏览该库中的所有元件及元件模型。该库中常用元件的中英文对照如表 4-2 所示。

表 4-2　Miscellaneous Devices.IntLib 基本元件库元件

英 文 名 称	中 文 名 称	英 文 名 称	中 文 名 称	英 文 名 称	中 文 名 称
2N3904	NPN 三极管	Diode*	二极管	Op Amp	运算放大器
2N3906	PNP 三极管	Dpy Amber-CA	共阳极七段数码管	Opto*	光电器件系列
ADC-8	模-数转换器	Dpy AmberCC	共阴极七段数码管	Photo*	光敏器件系列
Antenna	天线	Fuse*	熔断器	PLL	锁相环
Battery	电池组	Inductor*	电感系列	PNP*	PNP 三极管
Bell	响铃	Jumper	跳线	Relay*	继电器系列
Bridge	整流桥	Lamp	灯	Res*	电组系列
Buzzer	蜂鸣器	Lamp Neon	启辉器	Res Pack*	电阻排系列
Cap	非极性电容元件	LED*	发光二极管	RPot	可变电阻元件
Cap Pol	极性电容元件	JFET N	N沟道场效应晶体管	SCR	可控硅
Cap Var	可变电容元件	JFET P	P沟道场效应晶体管	Speaker	扬声器
Coax	同轴电缆	Mic*	麦克风	SW*	升关系列
D Schottky	肖特基二极管	Motor	电动机	Trans*	变压器系列
D Varactor	变容二极管	Motor Servo	伺服电动机	Triac	双向可控硅
D Zener	稳压二极管	Motor Step	步进电动机	Volt Reg	可调稳压器
DAC-8	数-模转换器	NPN*	NPN 三极管	XTAL	晶振

单击当前元件库（Miscellaneous Devices.IntLib）右侧的下拉按钮，在弹出的快捷菜单中可查看系统已加载的元件库。其中，Miscellaneous Connectors.IntLib 为常用连接件库，包含了常用的连接件如并口、串口、电源接口等。

2. 实用元件工具栏

Protel DXP 2004 中有电阻元件、电容元件、逻辑门电路及译码器等常用元件的工具栏，即实用工具栏（Utilities）如图 4-17 所示，利用它可方便地放置常用的电阻元件、电容元件及门电路元件。

图 4-17　实用元件工具栏

四、放置元件

单击电路窗口右侧的【元件库】面板标签，弹出元件库面板，系统默认以 Miscellaneous Devices.IntLib 为当前库，拖动浏览元件列表所用滚动条，或按上下光标移动键，找到电阻元件如图 4-18 所示。

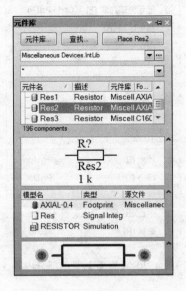

图 4-18 放置电阻元件

双击元件列表框中的电阻元件或单击元件库面板上的 Place Res2 按钮，元件库面板变成了透明状，同时光标变成了十字状，其上附着一电阻元件符号拖动鼠标使光标移动到合适位置后单击，即可将电阻元件放置到电路窗口中如图 4-19 所示。放置完一个电阻元件后，光标上仍附着一电阻元件符号，若需放置多个电阻元件，拖动鼠标使光标移动到电路窗口合适位置，多次单击即可；若不需放置该元件，右击或按【Esc】键即可退出元件放置状态。

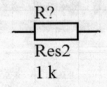

图 4-19 放置好的电阻元件

另外，也可通过实用元件工具栏，放置电阻元件。

五、视图控制与快捷键

1. 视图控制

在绘制原理图时，需合理地控制视图的大小。如图 4-20 所示为【查看】菜单的部分内容，可知视图放大与缩小的快捷键分别为【PgUp】与【PgDn】。移动光标到需放大或缩小的原理图窗口处,按相应快捷键【PgUp】或【PgDn】,即可方便进行视图的控制。该菜单的其他命令及其快捷键读者可自行操作并体会。

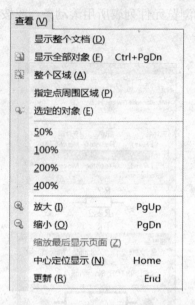

图 4-20 【查看】菜单部分内容

2. 原理图设计中的快捷键

在电路设计中利用快捷键,可以大大提高设计速度。执行【查看】→【工具栏】→【用户自定义】命令,或在工具栏空白处右击,在弹出的对话框中执行 Customize(自定义)命令,即可弹出自定义工具栏对话框如图 4-21 所示,选中复选框【原理图快捷键】与【原理图交互式快捷键】,在工具栏区即可看到【原理图快捷键▼】【原理图交互式快捷键▼】工具,单击▼按钮可查看各命令的快捷键。常用的快捷键如表 4-3 所示。

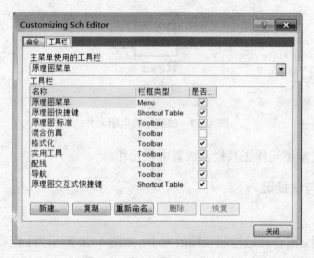

图 4-21 自定义工具栏对话框

表 4-3　绘制原理图常用快捷键

快捷键	说　明	快捷键	说　明	快捷键	说　明
【PgUp】	以光标为中心放大图面	【V+D】	显示整个文档	【Shift+C】	清除当前过滤的对象
【PgDn】	以光标为中心缩小图面	【V+F】	显示所有对象	【Shift+F】	可选择与之相同的对象
【Space】	放置对象时，旋转 90°	【End】	刷新屏幕	【Esc】	退出当前命令
【X】/【Y】	放置对象时，参照 X/Y 轴翻转元件	【Home】	中心定位显示	【Tab】	通过对话框编辑正在放置对象的属性

六、元件的编辑

1．元件的选择

编辑元件前，首先要选中所需编辑元件，元件的选择有两种方法：

（1）在元件符号上单击，即选中该元件，需选择多个元件时，按住【Shift】键，单击各元件逐个选取，被选中元件的四周有四个绿色小矩形框。

（2）从被选择元件的左上角，按住鼠标左键不放，拖动鼠标直到被选择元件的右下角，然后松开鼠标左键，拖出一矩形区域即可选中该矩形区域内的所有元件，选中后的元件如图 4-22 所示。

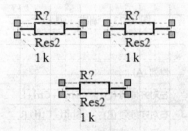

图 4-22　选中后的元件

2．元件的移动

选中单个或多个需移动的元件，将光标放在元件被选中区域内，按住左键不放，拖动元件到合适位置，然后松开鼠标左键即完成对元件的移动操作。

3．删除元件

选中需删除的对象，执行【编辑】→【清除】命令，或使用快捷键【Delete】，即可将所选中的元件删除。

执行【编辑】→【删除】命令，启动该命令后，光标变为十字状，连续单击欲删除的元件或图元，删除完成后右击或按【Esc】键，结束删除元件操作。

4．元件的旋转或翻转

放置完元件后进行元件的旋转或翻转操作，需先选中欲旋转或翻转的元件（可以是单个元件也可是多个元件），然后按住鼠标左键拖动元件，在拖动元件的过程中，每按一次【Space】

键，元件将逆时针旋转 90°，按【X】键左右翻转，按【Y】键上下翻转。

需要说明的是，此操作也可在放置元件的过程中进行，当还未确定元件的放置位置时，可按相应的快捷键（【Space】/【X】/【Y】）进行元件的放置方向编辑。

5．多个元件的对齐编辑

对多个元件进行对齐编辑操作之前，需先选中欲编辑的元件，然后执行相应的对齐编辑命令。可通过实用工具栏中的调准工具如图 4-23 所示，或执行【编辑】→【排列】命令如图 4-24 所示（每个命令的右侧有其快捷键提示），来进行元件的各种对齐排列的编辑，如左、右、上、下对齐、水平或垂直分布排列等。

图 4-23　调准工具栏

	排列 (A)...	
左对齐排列 (L)	Shift+Ctrl+L
右对齐排列 (R)	Shift+Ctrl+R
水平中心排列 (C)	
水平分布 (D)	Shift+Ctrl+H
顶部对齐排列 (T)	Shift+Ctrl+T
底部对齐排列 (B)	Shift+Ctrl+B
垂直中心排列 (V)	
垂直分布 (I)	Shift+Ctrl+V
排列到网格 (G)	Shift+Ctrl+D

图 4-24　元件排列对齐编辑命令

七、元件的连接与编辑

1．元件的连接

原理图中，元件与元件之间的连接，可通过导线命令完成。执行放置导线命令有四种方法：

（1）单击配线工具栏中的放置导线按钮≈，进入导线绘制状态。

（2）执行【放置】→【导线】命令。

（3）在电路窗口右击，在弹出的快捷菜单中执行【放置】→【导线】命令。

（4）利用快捷键【P+W】（Place Wire 放置导线的首字母）。

进入导线绘制状态后，光标变成十字状，光标中心为 X，其具体过程如下：

（1）拖动鼠标使光标移动到元件的引脚端及元件的电气连接点时，光标中心的 X 将会变大变红，表示导线的端点与元件引脚的电气连接点可以正确连接，此时单击导线的起点将与元件的引脚连接在一起。

（2）拖动鼠标在导线的起点与光标之间会出现一条线，这就是要放置的导线，将光标移到要连接的元件引脚端单击，这两个引脚端将被导线连接在一起了。导线放置的方向默认为水平或垂直方向，若要改变导线的连接方向，在转折点上单击，随后即可继续放置导线，导线绘制过程如图 4-25 所示。

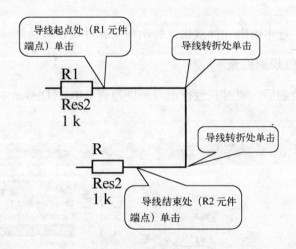

图 4-25　导线的绘制过程

（3）绘制完第一条导线后，此时仍处于导线绘制状态，可继续绘制导线，若需退出导线绘制状态可右击或按【Esc】键。

每个元件的引脚端为元件的电气连接点，连接元件时，需将元件的各电气连接点相连。连接元件后，若出现如图 4-26 所示的情况，则是因为未正确捕捉元件引脚端电气连接点而出现的错误连接。

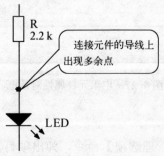

图 4-26　错误的电气连接

修改此连接导线，可先选择该导线，将光标移至导线的端点，当光标变为双向斜箭头时，按住鼠标左键拖动导线端点直至捕捉到正确的元件引脚端电气连接点。或删除错误连接导线，再重新执行导线连接命令。

2．元件的拖动编辑

进行元件连接后，若需对元件的位置进行移动，同时要求在移动元件时，保持该元件与其他元件的连接关系不变，可通过执行【编辑】→【移动】→【拖动】命令，当光标变为十字状时，选择需拖动的元件拖动其到合适位置即可。

八、元件的属性与编辑

原理图中各个元件的属性指的是元件的性能参数，如电阻元件一般要标出元件标识符、阻值大小，特殊功率的电阻元件还需标出其功率；电容元件需标出元件标识符、容量大小、耐压值等参数。

放置电阻元件后，选中电阻元件双击，弹出电阻元件属性对话框（见图 4-27）。

九、原理图的电气规则检查

完成电路原理图绘制后，要对其进行电气规则检查 DRC（Design Rule Check）。其过程如下：

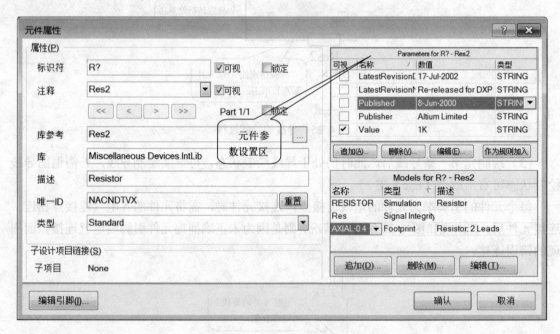

图 4-27　电阻元件属性对话框

1．设置电气规则

执行【项目管理】→【项目管理选项】命令，弹出项目管理选项对话框如图 4-28 所示，包含 Error Reporting（违规类型描述）、Connection Matrix（连接矩阵）、Class Generation（自动生成类)、Comparator（对照类型描述）、ECO Generation（修改的类型描述）等多个选项卡。分别单击前五个选项卡中的【设置为默认】按钮，将其设置为系统默认的规则，然后单击【确认】按钮退出电气规则设置对话框。一般，对原理图进行电气规则检查时，均采用系统默认的电气规则设置。

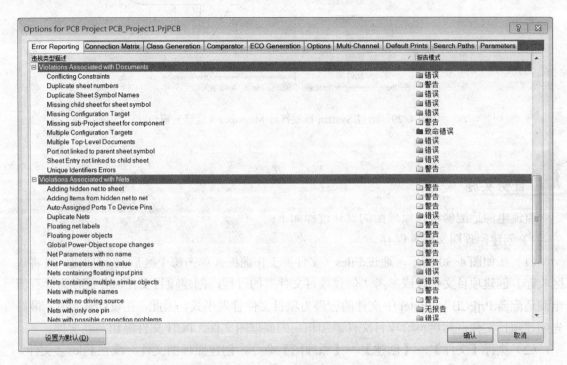

图 4-28　设置电气规则对话框

2．进行电气规则检查

设置好电气规则后，就可以进行电气规则检查，又称项目编译查错。执行【项目管理】→Compile Document（编译原理图）命令，即可根据设置的电气规则对电路原理图进行电气规则检查。

3．查看 Messages 信息窗口

如果编译时查出有电路设计错误或警告，将显示在 Messages（信息）窗口。执行标签栏中的 System→Messages 命令如图 4-29 所示，弹出 Messages（信息）窗口，查看原理图是否存在错误或警告信息。若存在错误，则双击该错误信息提示，即可在电路原理图中滤出相应的错误项元件（其他元件将被屏蔽），修改相应错误项，之后再次进行编译检查，看是否仍存在错误或警告信息。常见的错误信息有重复的元件标识符、没有对元件设置标识符、未与元件进行连接的导线、未连接的端口等错误提示。要退出原理图元件的滤出或屏蔽状态，可在原理图编辑窗口单击，或单击原理图右下角标签栏上方的【清除】按钮。

对电路原理图进行完电气规则检查后，即完成电路原理图的绘制。

图 4-29 通过 System 标签打开 Messages（信息）窗口

 **任务实施**

直流电源适配器电路原理图的设计过程如下：

1）创建原理图文件并保存

（1）按如图 4-30 所示，通过 Files（文件）工作面板（单击每个区后的 ⊗ 按钮，可将该区收起）创建项目文件，或参考"创建项目文件"的过程，创建项目文件，并保存为"直流电源适配器.PrjPCB"。Protel 中文件的管理为项目文件管理形式，因此，在设计开始时，最好先创建项目文件，然后再给项目文件添加相应的原理图文件、PCB 文件等相关联文件。

（2）执行【文件】→【创建】→【原理图】命令，创建原理图文件。或在 Files（文件）工作面板的【新建】区中，单击 Schematic Sheet 按钮如图 4-30 所示，创建原理图文件，并保存为"直流电源适配器.SchDoc"。创建后的原理图文件会自动加入"直流电源适配器.PrjPCB"项目文件中。或在项目工作面板中的项目文件名称上，右击，在弹出的快捷菜单中执行【追加新文件到项目中】，弹出可以添加到项目中的文件类型（见图 4-5），执行 Schematic Sheet 命令可创建原理图文件并添加到项目文件中。

2）设置电路原理图绘图环境

打开一个原理图文件或创建一个原理图文件后，系统自动进入原理图编辑环境，相应的菜单栏、工具栏、标签栏都将发生变化。

创建原理图文件后，在工作窗口右击，在弹出的快捷菜单中执行【选择项】→【文档选项】命令，或通过菜单执行【设计】→【文档选项】命令，即可打开【文档选项】设置对话框，图 4-31 所示为【图纸选项】选项卡，通过该选项卡可以改变图纸大小及绘图环境。本任务的原理图设计，均采用系统默认的绘图环境，图纸为 A4 横放、标题栏为标准，没有默认加载的模板文件。

3）放置元件

Protel 具有丰富的元件集成库（文件类型为*.IntLib），几乎可以提供绘制电路原理图所需的各种元件。进入 Protel 环境后，系统会自动加载几个常用的元件库，系统默认以 Miscellaneous

Devices.IntLib 常用基本元件库为当前库，该库中包含了常用的电阻元件、电容元件、二极管、三极管、可控硅等常用元件。打开元件库面板，系统会自动列出该库中的所有元件。

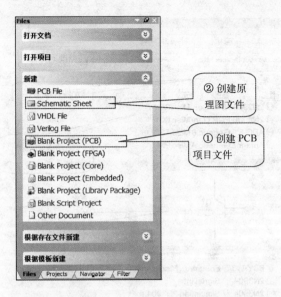

图 4-30　通过 Files（文件）工作面板创建文件

图 4-31　【文档选项】对话框中【图纸选项】选项卡

本任务的 T、D1～D4（硅桥用四个分离二极管代替）、R、C1～C3 与 LED 元件均可在 Miscellaneous Devices.IntLib 集成库中找到，LM7805 在 ST Power Mgt Voltage Regulator.IntLib 集成库中。每个集成库中的元件均按字母顺序排列，在放置元件时，可依元件的英文首写字母，拖动元件浏览滚动条或按【↑】、【↓】键浏览元件库，快速查找到所需放置的元件。

（1）放置 C1～C3、T、D1～D4、R、与 LED 元件。下面以放置电阻元件为例说明放置元件的过程。单击电路窗口右侧的【元件库】面板标签，弹出【元件库】对话框（见图 4-32），

　　系统默认以 Miscellaneous Devices.IntLib 为当前库，拖动浏览元件列表所用滚动条或按【↑】、
【↓】键浏览元件库，找到电阻元件如图 4-33 所示。

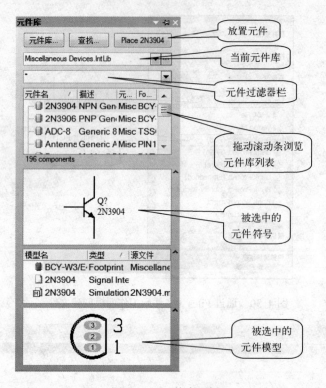

图 4-32　元件库面板

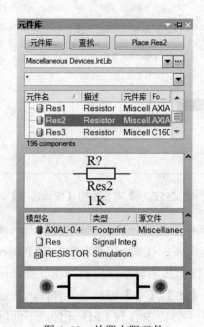

图 4-33　放置电阻元件

双击元件列表框中的电阻元件或单击【元件库】面板上的 Place Res2 按钮，元件库面板变成了透明状，同时光标变成了十字状，其上附着一电阻元件符号拖动鼠标使光标移动到合适位置后单击，即可将电阻元件放置到电路窗口中如图 4-34 所示。放置完一个电阻元件后，光标上仍附着一电阻元件符号，若需放置多个电阻元件，拖动鼠标使光标移动到电路窗口合适位置，多次单击即可，若不需放置换该元件，可右击或按【Esc】键即可退出元件放置状态。

图 4-34　放置好的电阻元件

同理放置 C1、C2 与 C3、D1～D4、LED 与 T 元件，分别如图 4-35（a）～（e）所示。

（2）放置 LM7805 元件。Protel DXP 2004 具有丰富的元件库。LM7805 三端集成稳压芯片所在的集成库为 ST Power Mgt Voltage Regulator.IntLib。绘制原理图时，需先加载该公司的 ST Power Mgt Voltage Regulator.IntLib 集成库，然后从集成库中调用 LM7805 元件。

元件库加载过程如图 4-36（a）～（d）所示。单击元件库工作面板上的【元件库】按钮，即可弹出【可用元件库】对话框如图 4-36（a）所示，其中【安装】选项卡列出了系统自动加载的几个元件库；单击该对话框下方的【安装】按钮，即可打开如图 4-36（b）所示 Libray 安装目录下的库文件对话框，该对话框列出了以元件厂商来分类的各厂商元件库文件夹；找

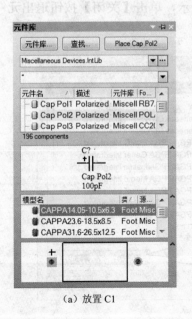
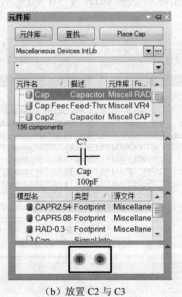

（a）放置 C1　　　　　　（b）放置 C2 与 C3　　　　　　（c）放置 D1～D4

图 4-35　放置 C1、C2 与 C3、D1～D4、LED 与 T 元件

（d）放置 LED

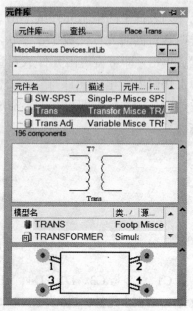

（e）放置 T

图 4-35　放置 C1、C2 与 C3、D1～D4、LED 与 T 元件（续）

到 ST 厂商文件夹并打开，即可列出该厂商的元件集成库文件（每个元器件厂商文件夹下包含多种类型元件的集成库文件，其排列均按字母顺序排列）；如图 4-36(c)所示找到 ST Power Mgt Voltage Regulator.IntLib 集成库文件，单击【打开】按钮即可将其加载到可用元件库列表中；加载该元件库后的可用元件对话框如图 4-36（d）所示，单击【关闭】按钮退出元件库加载。

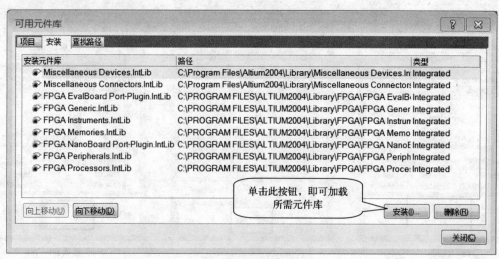

（a）【可用元件库】对话框

图 4-36　元件库加载过程

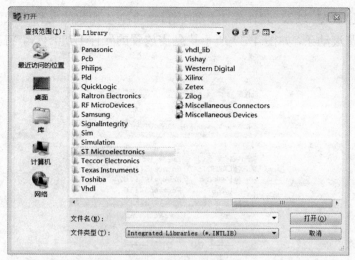

（b）元件库文件对话框

（c）ST 公司的库文件夹

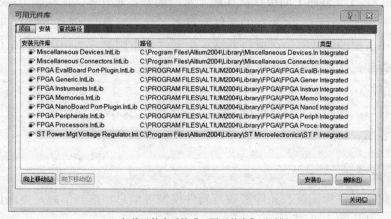

（d）加载元件库后的【可用元件库】对话框

图 4-36　元件库加载过程（续）

退出元件库加载窗口后，元件库工作面板自动将刚才加载的元件集成库作为当前库，拖动元件列表浏览滚动条，如图 4-37 所示找到需放置的元件 L7805CV，将其放置到电路窗口中。

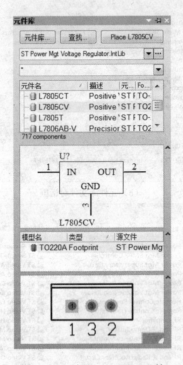

图 4-37　放置 LM7805 元件

绘制电路原理图中的某个元件时，可以从多个厂家的元件集成库中选择，只要找到的元件符号与原理图中的元件符号相同即可使用。另外，元件的选择还需考虑所使用元件的模型及其尺寸，此内容将在本项目任务二中的"元件封装"中再作详细讲解。

打开 Protel 后，【元件库】面板默认加载了常用的基本元件库，在绘制电路原理图时，可根据需要加载相应的元件库，若加载的元件库过多，会影响系统运行的速度，也会影响元件的查找，对于不需要的元件库，可以将其从可用元件库中删除，如在图 4-36（a）中可先选择需删除的元件库，然后单击【删除】按钮。

4）编辑元件

放置完元件后，还需对元件进行编辑操作，以方便电路原理图的连接。常用的元件编辑操作如元件的移动、旋转、删除、对齐等操作。详细的编辑操作可参考前面的"元件编辑"操作。

5）设置元件属性

元件属性包括元件标识符、元件参数与元件模型等信息，这些信息是电路原理图中的重要信息，必须对其作相应设置。

选中需设置属性的元件双击，即可弹出该元件的属性对话框，图 4-38 为电阻元件属性对话框。设置其标识符为 R，Value 为 1 k，其他属性信息暂不做设置。

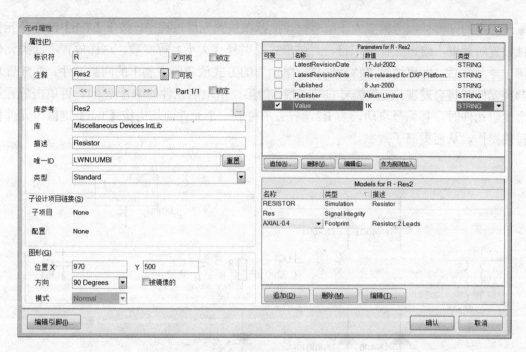

图 4-38　电阻元件属性设置对话框

　　直流电源适配器电路原理图中各元件可依表 4-4 进行设置。其中"—"与"所在库"列均无需设置。在绘制原理图的过程中，并不是所有的属性都要求显示出来，可有选择地显示部分属性，一般元件的标识符应显示，在需显示属性信息所在行的【可视】复选框中单击，设置为有效，即可显示该属性信息，否则设置为无效，不显示该属性信息。

表 4-4　直流电源适配器电路各元件属性

标识符 disignator	数值 Value	注释 Comment	元 件 名 称	所在库 Library
T	—	220/9 V	变压器元件	Miscellaneous Devices.IntLib
D1～D4	—	1N4001	整流二极管元件	
C1	2 200 μF	16V	电解电容元件	
C2	0.33 μF	—	纸介电容元件	
C3	0.1 μF	—	纸介电容元件	
R	1 kΩ	—	电阻元件	
LED	—	—	Φ3，红色发光二极管	
U	—	LM7805	三端集成稳压芯片	ST Power Mgt Voltage Regulator.IntLib

　　进行元件位置与属性编辑后效果如图 4-39 所示。

　　在电路原理图中，元件标识符是一个元件的标志，电路图中的元件标识符即元件编号必须唯一。需说明的是元件属性的编辑也可在放置元件的过程中进行，当还未确定元件的放置位置时，按快捷键【Tab】即可弹出元件属性对话框，先进行元件属性设置，然后再放置元件。

　　Protel 中的元件属性具有继承性（即型号、值、封装形式等不变，编号自动递增）。因此，当原理图中的元器件编号需要人工编号时，推荐在放置元件过程中，按下【Tab】键打开元件属性设置对话框，给出元件标识符、封装形式、型号（大小）等参数，这样放置了同类元件的第一个元件后，即可通过"移动鼠标→单击"的方式放置图中剩下的同类元件。在放置后续同类元件时将会发现：元件编号自动递增，如第一个电阻元件的编号是 R1，再单击放置第二个电阻元件时，其编号自动设为 R2，省去了每放一个元件前均需按【Tab】键修改元件标识符的操作，从而提高了效率。

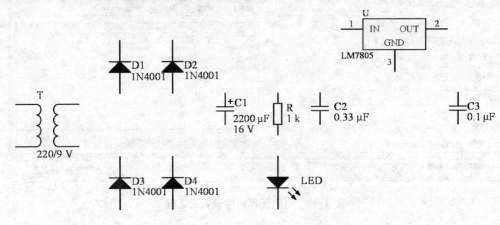

图 4-39　元件编辑后效果图

6）连接电路

放置完元件后，可用导线进行元件电气点之间的连接。单击放置导线按钮 ≈，连接部分线路后的电路原理图效果如图 4-40 所示。

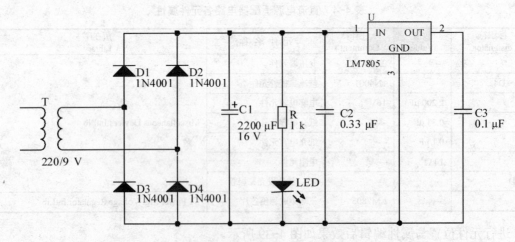

图 4-40　连接部分线路后的电路原理图

电路连接与元件属性编辑也可交叉进行。

电路连接时，系统默认 T 形交叉处放置节点表示连接，十字交叉处不放置节点，若十字交叉处需连接，可执行【放置】→【手动放置节点】命令，手动放置节点。

7）放置电源、接地符号与电源接口

每个设计电路都离不开供电电源。本电路的供电电源是 220 V 交流电，最后输出的是稳定的+5 V 直流电。在制作成印制电路板使用时，须考虑必要的供用电接口以方便使用，而绘制电路原理图，是为了给印制电路板制作提供元件及元件连接信息。因此，实际使用中的接口问题需在电路原理图绘制过程中予以考虑。

（1）放置电源与地并连接。放置电源与接地符号可通过电源和接地符号工具栏（见图 4-41），有多种形状的电源端口，放置后需标出其电源值。也可单击工具栏中放置电源与接地按钮 $\overset{Vcc}{\top}$ 与 $\underline{\underline{=}}$，或通过【放置】菜单执行电源与接地符号的放置。连接电源与接地符号后的原理图如图 4-42 所示。

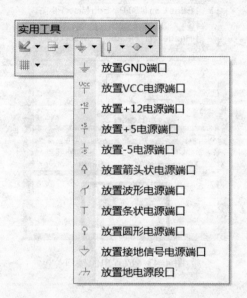

图 4-41 放置电源与接地符号工具栏

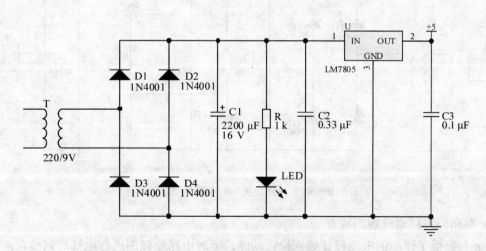

图 4-42 放置电源与地后的原理图

（2）放置电源接口并连接。Miscellaneous Connectors.IntLib 为常用连接件库，包含了常用的连接件如并口、串口、电源接口等，系统默认该库为可用库，如图 4-43 所示找出两个头的电源接口器件，将其放置到电路图中，可给 P1 接口器件添加"～220V"注释，P2 接口器件添加"+5V"注释，将注释显示，并进行接口电路连接如图 4-44 所示。

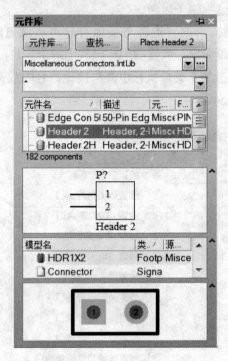

图 4-43　放置电源接口

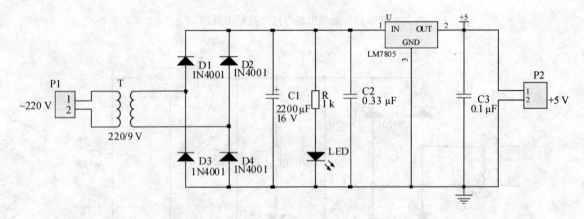

图 4-44　元件连接后的电路原理图

8）电路原理图电气规则检查

Protel 提供了详细的电路设计规则检查功能，可对电路原理图进行电气规则检查，以排除设计过程中产生的设计疏忽和错误。对于较为简单的电路原理图此步可省略。

在进行电气规则检查前，需确认电路原理图文件由 PCB 项目文件管理，而不是孤立的 Free Documents（自由文件）。若此时的原理图文件为 Free Documents（自由文件）如图 4-45 所示，也可先创建 PCB 项目文件，然后再将原理图文件添加到 PCB 项目文件中。

图 4-45　未被 PCB 项目文件管理的文件

将原理图文件添加到 PCB 项目文件有两种方法：可以在 Projects（项目）面板中，直接选中原理图文件，按住左键不放，拖动其到 PCB 项目文件中；也可选中 PCB 项目文件右击，在弹出的快捷菜单中执行【追加已有文件到项目中】命令，将原理图文件添加到 PCB 项目文件中。

执行【项目管理】→【项目管理选项】命令，在弹出的项目管理选项对话框中，分别设置 Error Reporting（违规类型描述）、Connection Matrix（连接矩阵）、Class Generation（自动生成类）、Comparator（对照类型描述）、ECO Generation（修改的类型描述）选项卡为默认规则。

然后，执行【项目管理】→【Compile Document 直流电源适配器.SchDoc】编译原理图命令，即可根据设置的电气规则对电路原理图进行电气规则检查。

最后，执行标签栏中的 System→Messages 命令查看信息窗口，根据信息窗口提示，进行原理图修改。双击错误规则提示信息，即可切换到原理图中的相应错误规则提示位置处。系统默认选择错误规则处，而将其他部分屏蔽掉，单击原理图窗口右下角的【清除】按钮即可解除屏蔽，回到原理图正常的编辑状态。

任务二　直流电源适配器电路的印制电路板设计与制作

任务描述

（1）直流电源适配器电路的印制电路板的外形尺寸如图 4-46 所示，安装定位孔在 PCB 板的中心位置，其直径为 2 mm。

（2）将完成的图形以"直流电源适配器.PcbDoc"为文件名保存在自己的文件夹中。

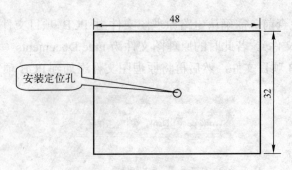

图 4-46　印制电路板尺寸

相关知识

一、印制电路板

1．印制电路板简介

印制电路板（Printed Circuit Board）简称 PCB，是用印制的方法制成导电电路和元件封装，它的主要功能是实现电子元器件的固定安装以及引脚之间的电气连接，从而实现电子产品的各种特定功能。

大部分电子设备的控制电路都是用 PCB 做成的，可以实现电子元器件的自动插装或贴装、自动焊接、自动检测，能保证电子产品的质量，提高生成效率，方便维修。

电路板根据其结构可分为单面板（Single-sided Boards）、双面板（Double-sided Boards）与多层板（Multi-Layer Boards）。

1）单面板

单面板是只有一面有覆铜，另一面没有覆铜的电路板，只能在覆铜的一面布线和焊接。单面板结构简单，制作成本低，但对于较复杂的电路，由于只能在一面布线，所以其布线难度很大，布通率往往较低，因此一般只适用于比较简单的电路。

图 4-47（a）所示为电子式充电器的印制电路板的正面，其上有固定 PCB 的螺钉（连接 PCB 与外壳）；图 4-47（b）所示为该电路板的反面。顶层放置元件，仅底层有印制铜膜线，为单层印制电路板。铜膜导线是覆铜板经过加工后在 PCB 上的铜膜走线又称导线，它用于连接各个焊点（元件引脚）又称焊盘，是印制电路板的重要组成部分。

图 4-48（a）所示为玩具遥控器的印制电路板的正面，其上的孔与遥控手柄及外壳相配；图 4-48（b）所示为该电路板的反面。顶层与底层均放置有元件，仅底层有印制铜膜线，也为单层印制电路板。

2）双面板

双面板两面都有覆铜，两面都可以布线，设计时一面定义为顶层（Top Layer），另一面定义为底层（Bottom Layer），两层的布线通过过孔连接在一起，一般在顶层布置元件，在底层焊接。

如图 4-49 所示是一块形状不规则的双层印制电路板，其顶层与底层都有印制铜膜线，顶层和底层都可以放置元件。

（a）正面　　　　　　　　　　　　　（b）反面

图 4-47　电子式充电器印制电路板

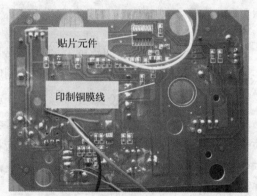

（a）正面　　　　　　　　　　　　　（b）反面

图 4-48　玩具遥控器印制电路板

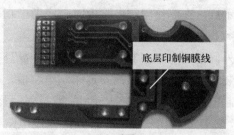

（a）正面　　　　　　　　　　　　　（b）反面

图 4-49　不规则形状的双层印制电路板

3）多层板

多层板是包含多个工作层的电路板，除了有顶层和底层之外还有中间层。最简单的多层板为四层板，顶层和底层中间加上了电源层与地线层，电源层与地线层由整片铜膜构成，通过这样处理后，可以极大程度地解决电磁干扰问题，提高系统的可靠性，缩小 PCB 的面积。一般多层板的制作成本较高。

如图 4-50 所示是计算机主板，它是多层印制电路板。

图 4-50　计算机主板

生活中一般用的是单面板或双面板，也有四层板或八层板，航空、航天中有可能要用到多达几百层板。本篇仅涉及单面与双面印制电路板图的设计制作。

2. 印制电路板尺寸设计

电路板的最佳形状为矩形，长宽比为 3∶2 或 4∶3。电路板尺寸大于 200 mm×150 mm 时，应考虑电路板所受的机械强度。PCB 设计应根据具体电路需要确定其尺寸大小，其尺寸设计不宜过大也不宜过小，尺寸过大印制导线长，阻抗增加，抗噪声能力下降，成本也增加；尺寸过小则散热不好，且邻近导线易受干扰。

对印制电路板的设计，从确定电路板的尺寸大小开始。印制电路板的尺寸因受机箱外壳大小限制，以能恰好安放入外壳内为宜，还应考虑印制电路板与外接元器件（主要是电位器、插口或另外印制电路板）的连接方式。如图 4-51（a）所示为电子式充电器的外壳，其上有充电指示灯，在制作印制电路板时，应考虑指示灯的放置位置与外壳指示灯位置相吻合（见图 4-51（b））。

此外，还要考虑印制电路板与电子产品外壳的固定安装。在设计印制电路板时，要考虑设计安装定位孔，通过螺钉固定印制电路板。

印制电路板与外接组件一般是通过塑料导线或金属隔离线进行连接。但有时也设计成插座形式，即在设备内安装一个插入式印制电路板，需要给 PCB 留出插口位置。对于安装在印制电路板上的较大的组件，要加金属附件固定，以提高耐振、耐冲击性能。

在进行印制电路板图设计之前，还需要对所选用组件及各种插座的规格、尺寸、面积等有完全的了解，对各部件的位置安排做合理的、仔细的考虑，主要是从电磁兼容性、抗干扰性、走线短，交叉少，电源、地的路径及去耦等方面考虑。然后，确定印制电路板所需的尺寸，并按原理图将各个元器件位置初步确定下来。之后，经过不断调整使布局更加合理。

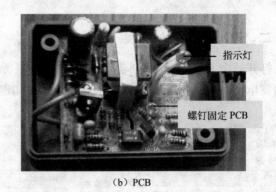

（a）外壳　　　　　　　　　　　　　（b）PCB

图 4-51　电子式充电器

3．印制电路板设计要求

印制电路板设计要求：正确、可靠、合理与经济。

1）正确

这是印制板设计最基本、最主要的要求，准确实现电路原理图的连接关系，避免出现"短路"和"断路"这两个简单而致命的错误。在用 Protel 软件进行完印制电路板设计后，需通过软件的电气规则检查与设计规则检查，以保证电气连接的正确性。

2）可靠

这是 PCB 设计中较高一层的要求。连接正确的电路板不一定可靠性好，例如板材选择不合理，板厚及安装固定不正确，元器件布局布线不当等都可能导致 PCB 不能可靠地工作，早期失效甚至根本不能正确工作。再如多层板和单、双面板相比，设计时要容易得多，但就可靠而言却不如单、双面板。从可靠性的角度讲，结构越简单，使用面越小，板子层数越少，可靠性越高。

3）合理

这是 PCB 设计中更深一层，更不容易达到的要求。一个印制板组件，从印制板的制造、检验、装配、调试到整机装配、调试，直到使用维修，无不与印制板的合理与否息息相关，例如板子形状选得不好加工困难，引线孔太小装配困难，没留试点调试困难，板外连接选择不当维修困难等等。每一个困难都可能导致成本增加，工时延长。而每一个造成困难的原因都源于设计者的失误。没有绝对合理的设计，只有不断合理化的过程。它需要设计者具有很强的责任心和严谨的工作作风，在实践中不断总结与提高。

4）经济

这是一个"不难"达到、又"不易"达到，但"必须"达到的目标。说"不难"，板材选低价的，板子尺寸选尽量小的，连接用直焊导线，表面涂覆用最便宜的，加工厂选择价格最低的等等，印制板制造价格就会下降。但是不要忘记，这些廉价的选择可能造成工艺性、可靠性变差，使制造费用、维修费用上升，总体经济性不一定好，因此说"不易"。"必须"则是市场竞争的原则。竞争是无情的，一个原理先进、技术高新的产品可能因为经济性原因而夭折。

二、PCB 文件设计环境

打开一个 PCB 文件或创建一个 PCB 文件，系统自动进入印制电路板文件编辑环境，相应的菜单栏、工具栏、标签栏都将发生变化。印制电路板文件编辑环境如图 4-52 所示。

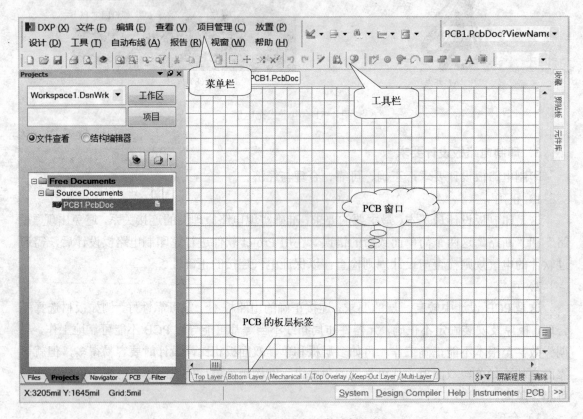

图 4-52　印制电路板文件编辑环境

系统默认的 PCB 的背景颜色为黑色，可以根据个人习惯，在 PCB 窗口右击，在弹出的快捷菜单中执行【选择项】→【PCB 板层次颜色】命令，在弹出的对话框中修改 Board Area Color 层的颜色。

1. 菜单栏

在 PCB 设计过程中，对 PCB 的各种操作，都可以通过菜单栏中的相应命令来完成。PCB设计环境中的菜单栏如图 4-53 所示。

2. 工具栏

标准工具栏如图 4-54 所示，它将一些常用的文件操作快捷方式，如创建、打开、缩放、复制、粘贴、帮助等，以按钮的形式表示出来，方便用户操作使用。执行【查看】→【工具栏】→PCB 命令，可以将标准工具栏关闭或打开。

图 4-53　菜单栏

图 4-54　标准工具栏

配线工具栏如图 4-55 所示，该工具栏主要用于 PCB 文件中的元器件手动布线、放置焊盘、放置过孔等。执行【查看】→【工具栏】→【配线】命令，可以将配线工具栏关闭或打开。

图 4-55　配线工具栏

实用工具栏如图 4-56 所示，该工具栏主要用于绘制原理图中的标注信息，对元器件位置进行调整、排列，放置电源与地符号，放置电路中的常用元器件等。执行【查看】→【工具栏】→【实用工具】命令，可以将实用工具栏关闭或打开，图 4-57（a）为绘图工具栏，图 4-57（b）为对齐工具栏，图 4-57（c）为尺寸工具栏。

图 4-56　实用工具栏

（a）

（b）

（c）

图 4-57　实用工具栏

3．标签栏

打开或创建了 PCB 文件后，标签栏将自动添加 PCB 标签如图 4-58 所示，通过此标签可以方便地打开 PCB 编辑环境中用到的 Filter（过滤器）面板及 PCB 工作面板。

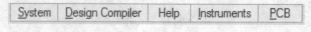

图 4-58　标签栏

4．板层标签

打开或创建了 PCB 文件后，在其文件工作窗口下方有 PCB 的板层标签如图 4-59 所示。在进行 PCB 设计时，不同的板层放置不同的内容，如印制铜膜线、元件标识、元件轮廓线、焊盘等在 PCB 设计中均与相应的层对应。

Top Layer / Bottom Layer / Mechanical 1 / Top Overlay / Keep-Out Layer / Multi-Layer

图 4-59　板层标签

三、元件封装

元器件是实现电子产品功能的基本单元，他们的结构和外形各异，为了实现电子产品的功能它们必须通过引脚相互连接，并为了确保连接的正确性，各引脚都按一定的标准规定了引脚号，并且各元件制造商为了满足各公司对元件体积、功率等方面的要求，即使同一类型的元件也有不同的元件外形和引脚排列，如图 4-60 所示同为电容元件，但大小、外形、结构却差别很大。

（a）卧式针脚电容元件　　　　　（b）立式针脚电容元件　　　　　（c）贴片电容元件

图 4-60　各种电容元件外形

在 PCB 设计时，必须考虑电子产品所采用元件的实际大小及结构，以保证绘制的 PCB 上的元件尺寸与实际元件尺寸相吻合，必要时还需用卡尺（机械卡尺或数显卡尺）来测量元件的尺寸（如元件的实际形状、元件引脚距离、引脚粗细等）或查找元件尺寸资料，以保证元器件的封装、元器件实物及电路原理图元件引脚序号三者之间的对应关系。

元件的封装形式很多，按照焊接方式可分为针脚式与表面粘着式 SMT 两大类。焊接针脚式封装的元件时，先要将元件的引脚插入焊盘通孔中，然后再焊接，由于焊点导孔贯穿整个电路板，因此其焊盘至少占用两层电路板；表面粘着式封装的元件焊盘只限于表面板层，即顶层或底层，采用此种封装形式的元件占用板上的空间小，不影响其他层的布线，一般引脚较多的元件多采用此种封装形式，但其手工焊接难度比较大，多用于批量机器生产。

元件封装是一个空间概念，不同的元件可以有相同的封装，同一个元件也可以有不同的封装。元件封装也属于元件属性中的一项，在进行原理图设计时需根据实际情况来选用元件封装。Protel 有丰富的元件封装库供使用，若没有与实际使用元件相吻合的封装，可以自己创建元件封装。

常见的元件封装命名原则为：元件封装类型+焊盘距离或焊盘数+元件外形尺寸（焊盘是在电路板上为固定元件引脚，并使元件引脚和导线导通而加工的特殊形状的铜膜），可根据元件的封装名称来判断元件的规格。打开元件库面板，单击当前库 Miscellaneous Devices.IntLib 后面的按钮□，然后单击勾选【封装】形式显示有效，即可打开基本元件封装库 Miscellaneous Devices.IntLib[Footprint View]查看其中的各种封装。

如图 4-61（a）所示电阻元件的封装为 AXIAL-0.3 时，表示此元件为轴状封装，两焊盘间距为 0.3 in（300 mil = 0.3×25.4 mm）；如图 4-61（b）所示电阻元件的封装为 CR1005-0402 时，表示此元件为表面粘着式封装，其焊盘的长为 0.04 in（1.0 mm），宽为 0.02 in（0.5 mm），其中 1005 为公制（米制）单位对应尺寸，0402 为英制单位对应尺寸；如图 4-62（a）所示集成芯片的封装为 DIP-8 时，表示此元件为双列直插针脚式的 8 引脚封装；如图 4-62（b）所示集成芯片的封装为 SO-G8 时，表示此元件为表面粘着式的 8 引脚封装。

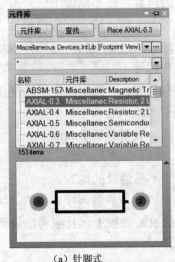

（a）针脚式

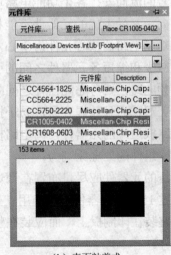

（b）表面粘着式

图 4-61 电阻元件的两种封装模型

常用的元件封装还有极性电容元件类（RB5-10.5～RB7.6-15）、非极性电容元件类（RAD-0.1～RAD-0.4）、二极管类（DIODE-0.5～DIODE-0.7）、晶体三极管类（BCY-W3）等。

在放置元件的过程中，可随时查看元件的封装。若集成库自带封装满足设计要求，可直接使用；若不满足需重新选择或自制元件封装再使用。元件封装的制作将在本篇的项目六中介绍。

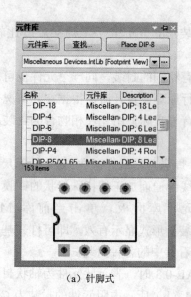
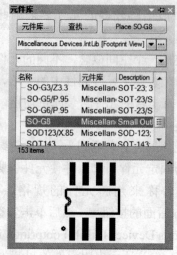

（a）针脚式　　　　　　　　　　　　（b）表面粘着式

图 4-62　集成芯片的两种封装模型

四、元件布局

在印制电路板设计中，元件布局主要应遵循的原则为：

（1）按照信号的流向安排各个功能电路单元的位置，使布局便于信号流通，并使信号尽可能保持一致方向。易受干扰的元器件不能相互离得太近，输入和输出组件应尽量远离。

（2）以每个功能电路的核心元件为中心，围绕它来进行布局。元器件应均匀、整齐、紧凑地排列，尽量减少和缩短各元器件之间的引线和连接。

（3）对于高频电路，要考虑元器件之间的分布参数。一般电路应尽可能使元器件平行排列。这样，不但美观，而且装焊容易，易于批量生产。

（4）位于电路板边缘的元器件，离电路板边缘一般不小于 2 mm。

其中，对特殊组件的处理原则为：

（1）带高电压的元器件应尽量布置在调试时手不易触及的地方。

（2）质量超过 15 g 的元器件、应当用支架加以固定，然后焊接。那些又大又重、发热量多的元器件，不宜装在印制板上，而应装在整机的机箱底板上，且应考虑散热问题。热敏组件应远离发热组件。

（3）对于电位器、可调电感线圈、可变电容器、微动开关等可调组件的布局应考虑整机的结构要求。若是机内调节，应放在印制板上便于调节的地方；若是机外调节，其位置要与调节旋钮在机箱面板上的位置相对应。另外，还应留出印制板定位孔及固定支架所占用的位置。

五、元件布线

1．元件布线的基本概念

在 PCB 设计中，布线是完成产品设计的重要步骤，可以说前面的准备工作都是为它而做的，在整个 PCB 中，以布线的设计过程限定最高，技巧最复杂、工作量最大。

PCB 布线有单面布线、双面布线及多层布线。布线的方式也有两种：自动布线及交互式布线。在自动布线之前，可以用交互式预先对要求比较严格的线进行布线，输入端与输出端的边线应避免相邻平行，以免产生反射干扰。必要时应加地线隔离，两相邻层的布线要互相垂直，平行容易产生寄生耦合。

自动布线的布通率，依赖于良好的布局，布线规则可以预先设定，包括走线的弯曲次数、导通孔的数目、步进的数目等。一般先进行探索式布线，快速地把短线连通，然后进行迷宫式布线，先把要布的连线进行全局的布线路径优化，它可以根据需要断开已布的线。并试着重新再布线，以改进总体效果。

PCB 的设计过程是一个复杂而又简单的过程，要想很好地掌握它，还需多体会、多实践。

布线的宽度应根据具体电路进行设计，铜线的载流能力取决于线宽、线厚、允许温升等。厚度为 35 μm 以上的铜箔，其电流密度经验值为 15~25 A/mm^2，乘以导线截面积可得导线的电流容量。

2．印制电路板中的电源与地

即使在整个印制电路板中的布线完成得都很好，但由于电源、地线的考虑不周到而引起的干扰，会使产品的性能下降，有时甚至影响到产品的成功率。所以对电源、地线的布线要认真对待，把电源、地线所产生的噪声干扰降到最低限度，以保证产品的质量。

在 PCB 设计中，对电源和地的布线采取一些措施，以降低电源和地线产生的噪声干扰，方法如下：

（1）尽量加宽电源、地线宽度，最好是地线比电源线宽。它们的宽度关系是：地线>电源线>信号线，通常信号线宽为：0.2~0.3 mm，最细宽度可达 0.05~0.07 mm（此宽度不是每个制造商都能达到）。

（2）数字地与模拟地分开。若电路板上既有数字地又有模拟地，应使它们尽量分开。低频电路的地应尽量采用单点并联接地，实际布线有困难时可部分串联后再并联接地。高频电路宜采用多点串联接地，地线应短而粗。

 **任务实施**

下面，将电路原理图中元件的所有属性及元件之间的连接关系等信息转换到印制电路板设计中，进行印制电路板的设计。直流电源适配器印制电路板的设计与制作过程如下：

1）创建并保存 PCB 文件

打开"直流电源适配器.PrjPCB"与"直流电源适配器.SchDoc"文件。

在 Projects（项目）面板中，选择"直流电源适配器.PrjPCB"文件右击，在弹出的快捷菜单中执行【追加新文件到项目中】→PCB 命令，创建 PCB 文件，并将其保存为"直流电源适配器.PcbDoc"。

或在 Projects（项目）面板中，选择"直流电源适配器.PrjPCB"文件，然后执行【文件】→【创建】→【PCB 文件】命令，创建 PCB 文件；或在 Files（文件）工作面板的【新建】

区中，单击 PCB File 按钮，执行创建 PCB 文件命令，然后将其保存为"直流电源适配器.PcbDoc"文件。创建 PCB 文件后的项目工作面板如图 4-63 所示。

图 4-63　创建 PCB 文件后的项目工作面板

2）设置 PCB 环境

执行 DXP→【优先设定】命令；或在 PCB 文件窗口内右击，在弹出的快捷菜单中执行【选择项】→【优先设定】命令，将会弹出【优先设定】对话框如图 4-64 所示，即可进行 PCB 的环境设置。

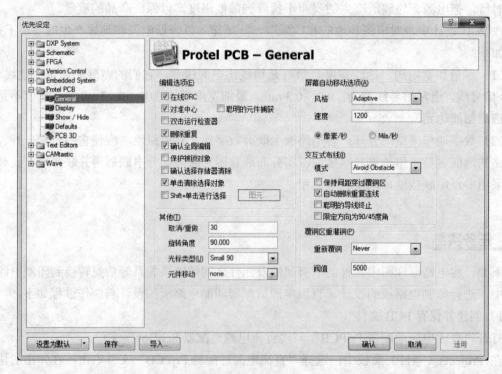

图 4-64　PCB【优先设定】对话框

执行【选择项】→【PCB 板选择项】命令，将会弹出【PCB 板选择项】对话框如图 4-65 所示，可以看出系统默认的测量单位是英制，创建的 PCB 长×宽为 10 000 mil×8 000 mil（1 000 mil = 25.4 mm）。

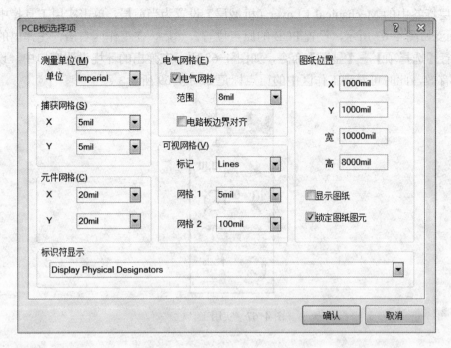

图 4-65 【PCB 板选择项】对话框

3）按要求进行 PCB 尺寸设计

进入 PCB 环境后，系统默认显示的黑色网格区域为印制电路板大小，其边界为印制电路板的物理边界，实际需创建的印制电路板尺寸往往与系统默认的印制电路板大小不一致。因此，需重新定义印制电路板的物理边界与电气边界。

（1）定义印制电路板的物理边界。物理边界是指电路板的外形边界。电路板尺寸要求如图 4-66 所示。电路板为 48 mm×32 mm 的矩形板，安装定位孔在板的中心位置。

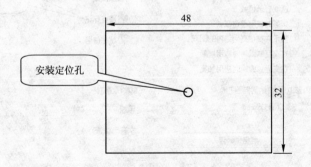

图 4-66 印制电路板尺寸

在 PCB 文件中，默认单位是英制单位，而电路板尺寸要求为公制（米制）单位，两种测量单位间的转换可采用快捷键【Q】（执行【查看】→【切换单位】命令，可查看执行单位变换命令的快捷键）。按完【Q】键后，即可通过 PCB 文件窗口左下角的坐标，看到测量单位的变化。

将板层标签中的 Mechanical 1 Layer（机械层）设置为当前层，单击实用工具栏中的设定原点按钮⊗如图 4-67 所示，设置 PCB 的原点位置。然后，在工作区右击，在弹出的快捷菜单中，执行【选择项】→【显示】命令，如图 4-68 所示在弹出的环境设置窗口中，设置【原点标记】有效，此时可看到工作区中的原点标记如图 4-69 所示。

图 4-67　实用工具栏

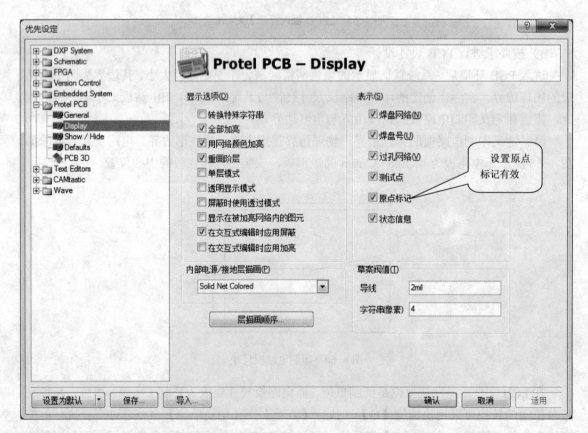

图 4-68　PCB 显示环境设置

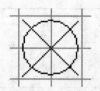

图 4-69 原点标记

按照 PCB 的尺寸要求，单击实用工具栏中的直线按钮／，绘制 PCB 外轮廓。执行直线命令后，从原点开始随意绘制一条直线，右击退出直线绘制。然后双击直线打开其属性对话框，如图 4-70 所示。设置其结束坐标 X：48 mm，Y：0 mm，即可得到一条水平方向长为 48 mm 的直线段。同理，利用坐标设定法可将 PCB 框绘制出。绘制出的 PCB 物理边界如图 4-71 所示。

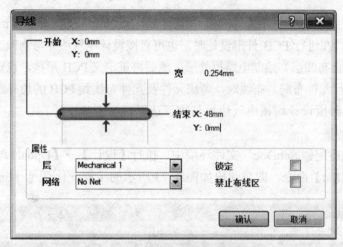

图 4-70 导线属性设置窗口

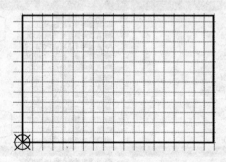

图 4-71 PCB 物理边界

系统默认机械层的颜色为紫色，若在绘制 PCB 物理边界时，采用了系统默认的设置，而绘制后的电气边界颜色为其他颜色，则是因为在绘制 PCB 电气边界之前，没有将 Mechanical 1 Layer（机械层）设置为当前层，双击电气边界线打开其属性对话框，修改其所在层为 Mechanical 1 Layer 即可。

执行【设计】→【PCB 板形状】→【重定义 PCB 板形状】命令，依次单击物理边界的各个角点并使其封闭，设置 PCB 的外形，设置后效果如图 4-72 所示。

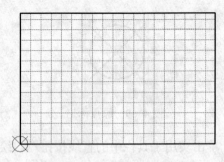

图 4-72　定义 PCB 物理边界

（2）定义印制电路板的电气边界。电气边界是用来限定布线和放置元件的范围，通过在 Keepout Layer（禁止布线层）绘制边界来实现（通过板层标签，切换当前板层），默认该层的颜色为紫色。

一般，电气边界与物理边界的外形尺寸相差 50～100 mil（1.27～2.54 mm）。

为了简化设计，在进行 PCB 外形设计时，也可直接设计电气边界与物理边界相重合。先在 Keepout Layer（禁止布线层）绘制电路板外形，然后再重定义 PCB 形状，设置物理边界与电气边界相重合。在进行元件布局与布线时，考虑元件及元件布线到 PCB 的边界距离即可。

本篇的印制电路板设计均按电气边界与物理边界相重合来设计。

4）元件信息转换

在"直流电源适配器.SchDoc"文件环境中，执行【设计】→【Update PCB Document 直流电源适配器.PcbDoc】命令，即可弹出如图 4-73 所示的工程变化订单（Engineering Change

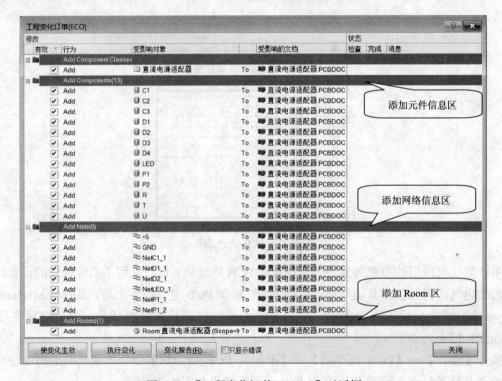

图 4-73　【工程变化订单（ECO）】对话框

Order）对话框，该对话框包含添加元件信息区、添加网络（彼此连接在一起的元件引脚称为网络）信息区与添加 Room 区。单击【使变化生效】与【执行变化】按钮，此对话框中的【状态】栏每行均为 ✅，如图 4-74 所示，说明原理图中的所有信息均已转换到 PCB 文件中。

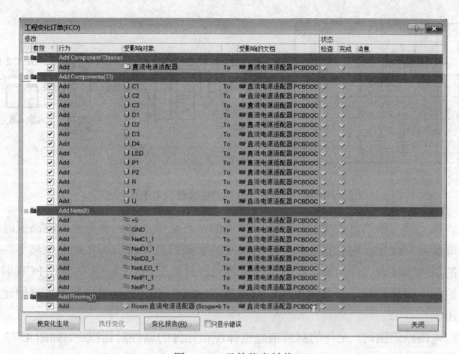

图 4-74　元件信息转换

若某一行出现 ❌，则表明这些信息在转换过程中出现差错，信息将会丢失，印制电路板的电气特性将不能与原理图保持一致。出错的原因一般为元件封装模型未加载，或加载的模型不正确，或封装库文件未加载，根据错误提示检查原理图中的相应元件，修改错误后再次转换信息即可。

单击【关闭】按钮，关闭工程变化订单对话框，即回到"直流电源适配器.PcbDoc"PCB文件环境中，在 PCB 框的右侧放置了原理图中的所有元件，同时元件的连接信息即网络也被转换到 PCB 文件中，并且原理图中的元件与元件连接信息被放置在了一个名为"直流电源适配器"的 Room 区中，执行信息转换后效果如图 4-75 所示。

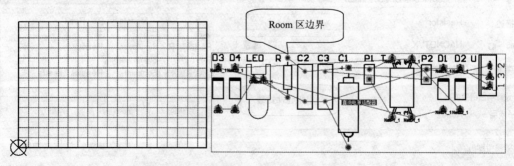

图 4-75　带 Room 区的信息转换效果图

通常情况下，对简单电路的印制电路板设计，不需要使用 Room 区。单击选中 Room 区后，按【Delete】键可将 Room 区删掉。或在转换信息时设置 Add Rooms 为无效，转换信息后将不带 Room 区。删掉 Room 区的信息转换效果如图 4-76 所示。

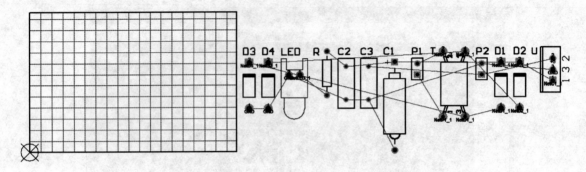

图 4-76　不带 Room 区的信息转换效果图

信息转换后的元件信息是用元件封装来体现的，它是指实际元件焊接到电路板时所指示的元件轮廓及焊点位置，它包括元件的外形尺寸、引脚的直径及引脚之间的距离等参数，转换信息后的黄色线代表元件轮廓。本项目不对各元件封装进行修改，实际制作 PCB 时，应按实际使用的元件选择封装，必要时要用卡尺测量实际元件的轮廓及引脚尺寸，来创建元件封装以便使用。

在绘制电路原理图时，元件的封装信息也体现在元件的属性对话框中，如图 4-77 所示在电阻元件的属性对话框中，可查看其封装为 AXIAL-0.4。打开原理图中各元件属性对话框，可查看各元件的封装，本项目所用元件均为针脚式封装，各元件封装描述如表 4-5 所示。

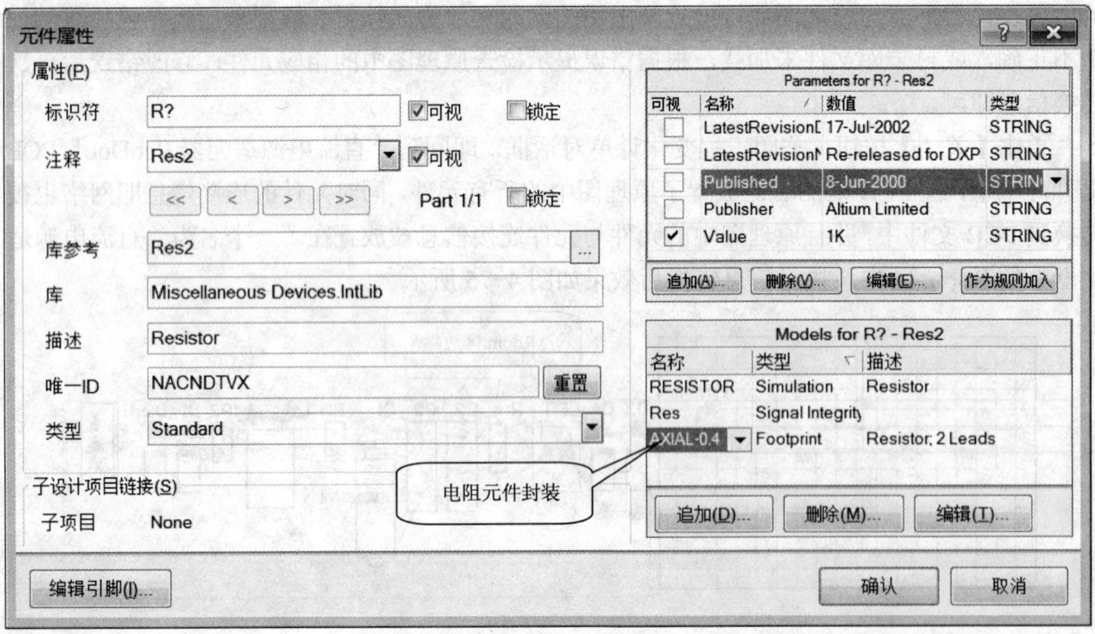

图 4-77　电阻元件属性对话框

表 4-5　直流电源适配器电路各元件封装描述

元件标号	封装名称	封装描述	尺寸	元件封装
T	Trans	变压器式封装	600×200 mil	
VD1~VD4	DIODE-0.4	二极管式封装	焊盘间距 400 mil	
C1	POLAR0.8	极性电容封装（卧式）	焊盘间距 800 mil	
C2 C3	RAD-0.2	非极性电容封装	焊盘间距 200 mil	
R	AXIAL-0.4	轴状的封装	焊盘间距 400 mil	
LED	LED-0	发光二极管封装	焊盘间距 100 mil	
U	TO220ABN	三端集成稳压芯片	焊盘间距 100 mil	

　　元件封装需同电路设计时所使用的元件尺寸相一致，若采用的极性电容元件为立式，则需修改其封装模型，本项目先不对各元件封装进行修改，关于查看与修改元件封装将在项目五中介绍。

　　原理图中元件与元件之间的连接关系，在转换到 PCB 中时，先是以飞线的形式体现。飞线是将电路原理图的信息转换到 PCB 过程中出现的预拉线，只是从形式上表示出元件之间的连接关系，并没有实际的电气连接意义。

　　若在执行信息转换时，对元件 U 有这样的错误提示：Footprint Not Found To220ABN，这是因为找不到该元件的封装而报错，需返回元件库面板加载该元件所在的集成库即可解决（打开元件 U 的属性窗口，可查看元件 U 所在库为 ST Power Mgt Voltage Regulator.IntLib）。加载该元件集成库之后，再次执行信息转换命令，即可将该元件信息转换到 PCB 文件中。

　　需注意的是：在转换信息之前，需确认 PCB 文件已保存，并将其与原理图文件用同一项目文件所管理。若一次没有将原理图中的所有信息转换到 PCB 文件中，也可重复执行多次信息转换命令。

　　5）放置安装定位孔

　　考虑到电源适配器 PCB 与外壳的安装定位孔在 PCB 的中心位置。因此，在设计 PCB 板时，需先放置安装定位孔。

　　单击放置焊盘按钮◎，光标变为十字状其上附着一焊盘，按【Tab】键，弹出【焊盘】属性对话框，如图 4-78 所示设置焊盘位置为 X：24 mm、Y：16 mm，焊盘内外孔径均设置为 2 mm，形状为 Round 圆形，设置其"锁定"有效即将焊盘位置固定，并设置其与 GND 网络相连。

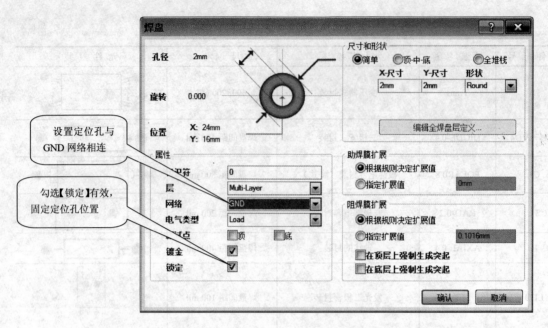

设置定位孔与
GND 网络相连

勾选【锁定】有效，
固定定位孔位置

图 4-78 【焊盘】（安装定位孔）属性对话框

6）元件布局

（1）布局特殊元件。在直流电源适配器电路中，对发光二极管的位置有具体要求，它作为电源指示灯，要与产品的外壳相配。双击元件 LED 发光二极管封装符号，弹出其属性对话框如图 4-79 所示，设置其 X 位置为 18 mm，Y 位置为 16 mm。确定发光二极管位置后，可将其属性中的"锁定"设置为有效，以将其位置固定。

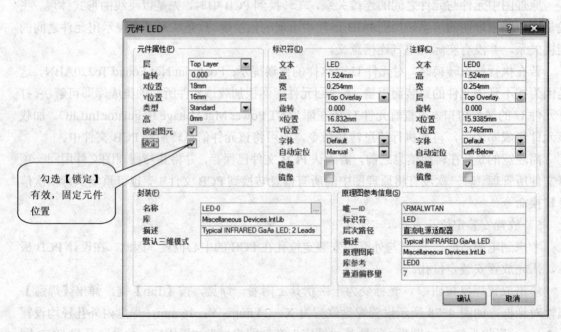

勾选【锁定】
有效，固定元件
位置

图 4-79 发光二极管属性设置对话框

（2）布局其他元件。根据电路原理图中，信号的流向进行元件的布局，可采用对齐工具栏中的相应命令进行元件的对齐操作。布局元件过程时，可根据需要按【Space】键旋转元件的放置方向，并调整元件编号与注释文字，参考布局效果如图 4-80 所示。

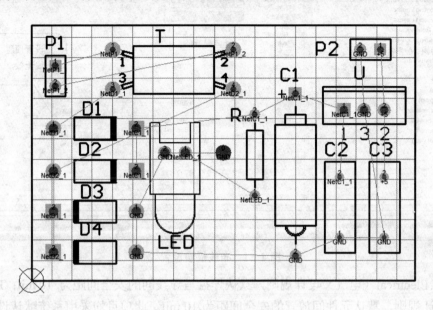

图 4-80　元件布局后效果

元件布局过程中，若元件距离太近，则元件会以绿色标出，表示违反了布线规则中的元件安全间距规则，应调整元件间的距离。系统默认的 Placement（布局）规则中，元件间的放置安全间距为 10 mil。

布局移动元器件时，元器件引脚上的飞线会跟着变动，飞线不交叉的元器件布局位置为最好，即飞线越短、交叉越少的元件布局越好，布线时的布通率越高。

7）元件布线

进行完元件布局后，可进行元件布线，合理的布局是做好元件布线的基础。本项目电路简单，采用单面板即元件放置在印制电路板顶层，仅底层进行布线即可。在创建 PCB 文件时，系统默认创建的是双面板。PCB 的元件布线过程如下：

（1）设置布线规则。将本项目的印制电路板设计为单面板。执行【设计】→【规则】命令；或在电路窗口右击，在弹出的快捷菜单中执行【设计】→【规则】命令，弹出【PCB规则和约束编辑器】对话框，它共包含十个规则类。如图 4-81 所示找出 Routing（布线）设计规则中的 Routing Layers（布线层）设计规则，双击 Routing Layers 项即可在右侧窗口中打开其详细设计规则，设置 Top Layer（顶层）布线无效，Bottom Layer（底层）布线有效。

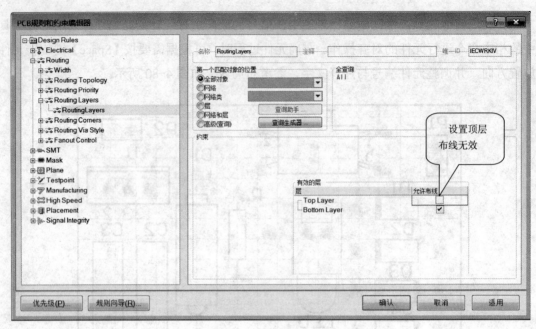

图 4-81 布线板层设置

另外，Electrical（电气）设计规则，默认焊盘与导线间的安全间距为 10 mil；Placement（布局）设计规则，默认元件间放置的安全间距为 10 mil。此项目均采用系统默认设置。

如图 4-82 所示找出 Routing（布线）设计规则中的 Width（布线宽度）设计规则，双击即可在右侧窗口打开详细规则，设置 Preferred Width（优选宽度）为 0.4 mm、Max Width（最大宽度）为 0.8 mm、Min Width（最小宽度）为 0.2 mm。

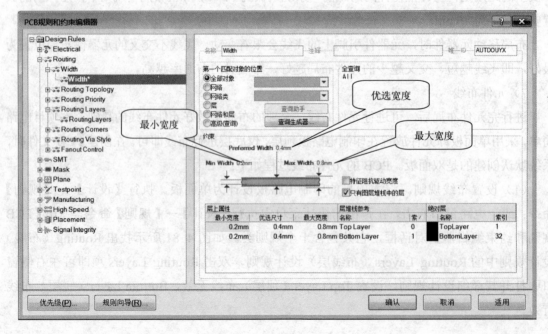

图 4-82 布线宽度设置

（2）元件自动布线。Protel 中的元件布线分为手动布线与自动布线两种方式。手动布线工作量大，自动布线有时很难达到预期效果，经常采用的一种方式是"自动布线+手动调整"。

【自动布线】菜单如图 4-83 所示，是关于自动布线的命令。【网络】是对执行该命令后被选择的某一网络进行布线；【元件】是对执行该命令后被选择的元件进行布线，执行完该命令后右击即可退出，其他命令读者可自行体会。如图 4-84 所示是对元件"T"进行自动布线后的效果，如图 4-85 所示是对网络 GND 进行自动布线后的效果，自动布线时的布线宽度为规则中设置的优选布线宽度。

图 4-83　【自动布线】菜单

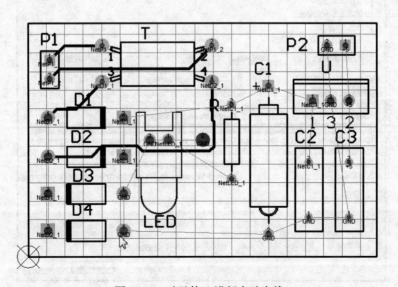

图 4-84　对元件 T 进行自动布线

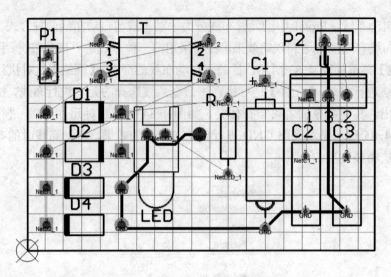

图 4-85　对网络 GND 进行自动布线

　　执行【自动布线】→【全部对象】命令，在弹出的对话框中（见图 4-86），单击 Route All 按钮，对所有元件按布线规则进行布线，执行该命令后的效果如图 4-87 所示。

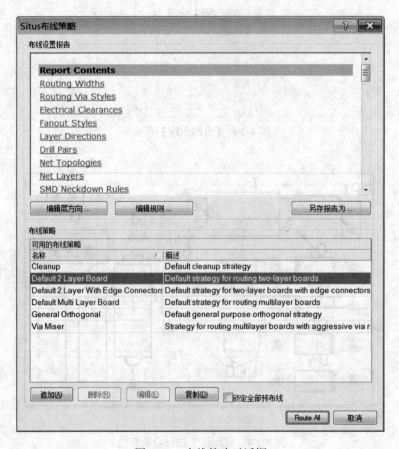

图 4-86　布线策略对话框

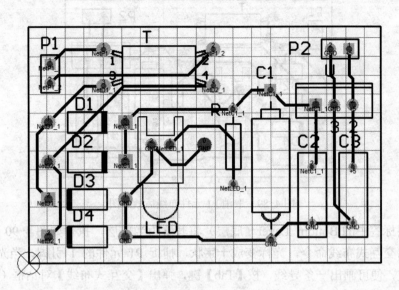

图 4-87　执行自动布线命令后效果

在实际设计中，不建议采用对全部对象进行布线。而是通过对部分元件进行预布线后，发现布局的不合理处，再进一步去调整元件布局，使设计趋于合理。

（3）手动调整布线。印制电路板设计中，应尽量加宽电源线与地线宽度，以降低电源和地线产生的噪声干扰。本项目中电源线宽度设置为 0.6 mm，地线宽度设置为 0.8 mm。

本项目中 P1 元件为交流 220 V 电源接口，取消其布线将其布线宽度设置为 0.6 mm。执行如图 4-88 所示菜单命令，选择 P1 元件可以取消该元件布线，取消 P1 元件布线后效果如图 4-89 所示。

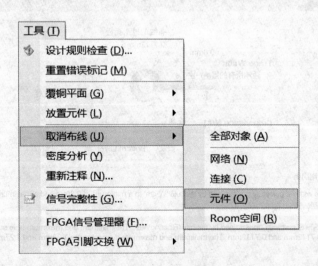

图 4-88　取消布线菜单命令

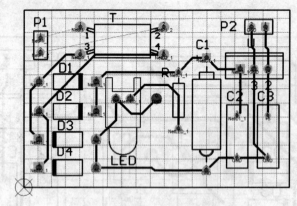

图 4-89　取消 P1 元件布线后效果图

单击板层标签中的 Bottom Layer（底层）将其置为当前层，执行如图 4-90 所示 PCB 设计工具栏中的交互式布线命令，光标变成十字状，捕捉 P1 元件的 1 引脚，当光标变为八角状时单击确定，便可画出一条导线，按【Tab】键，弹出【交互式布线】对话框（见图 4-91），将 Trace Width（布线宽度）设置为 0.6 mm，单击【确认】按钮退出该窗口回到 PCB 绘图环境，将以 0.6 mm 的宽度进行手动布线，在连接该网络的焊盘处双击，修改完整个网络后右击退出。P1 元件完成修改后的布线效果如图 4-92 所示。

图 4-90　PCB 设计工具栏

图 4-91　【交互式布线】对话框

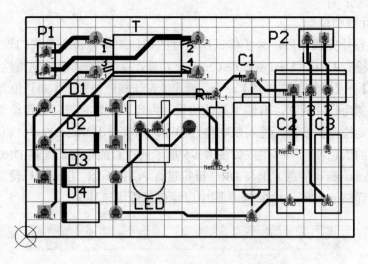

图 4-92　修改 P1 元件布线后效果图

　　同理，执行【工具】→【取消布线】→【网络】命令，光标移至 GND 网络上单击，弹出是否取消锁定布线对话框如图 4-93 所示，单击 No 按钮，可看到安装定位孔依然存在，GND 布线被取消变成了飞线（若单击 Yes 按钮，则安装定位孔将被删掉）。之后，进行交换式布线修改地线，将其宽度设置为 0.8 mm，修改后效果如图 4-94 所示。

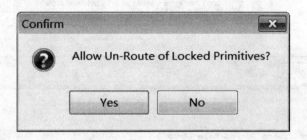

图 4-93　是否取消锁定布线对话框

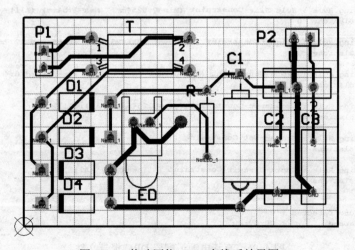

图 4-94　修改网络 GND 布线后效果图

8）PCB 设计规则检查

印制电路板设计完成之后，为了保证所进行的设计工作符合所设置的设计规则，Protel 提供了设计规则检查 DRC（Design Rule Check）功能，来对 PCB 板的完整性进行检查。

执行【工具】→【设计规则检查】命令，弹出【设计规则检查器】对话框如图 4-95 所示，该对话框中的左侧为设计规则，右侧为具体的设计内容。设置完需要进行检查的规则后，单击【运行设计规则检查】按钮，进入规则检查程序，系统弹出 Messages（信息）框，这里列出所有违犯规则的信息项，同时生成如图 4-96 所示的"直流电源适配器.DRC"设计规则检查报告。查看 Messages（信息）框与 DRC 报告进行 PCB 修改，若出现与设置规则冲突的地方，报告中会有详细的解释，并在 PCB 图中以绿色标识出该冲突。

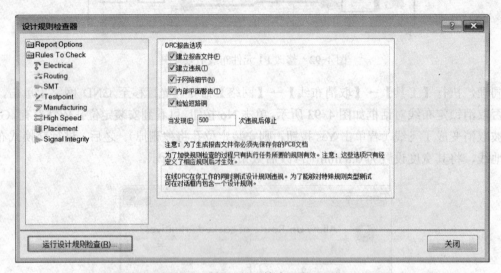

图 4-95　【设计规则检查器】对话框

```
Protel Design System Design Rule Check
PCB File : \直流电源适配器.PCBDOC
Date     : 2012/4/10
Time     : 21:34:41

Processing Rule : Hole Size Constraint (Min=0.0254mm) (Max=2.54mm) (All)
Rule Violations :0

Processing Rule : Height Constraint (Min=0mm) (Max=25.4mm) (Prefered=12.7mm) (All)
Rule Violations :0

Processing Rule : Width Constraint (Min=0.2mm) (Max=0.8mm) (Preferred=0.4mm) (All)
Rule Violations :0

Processing Rule : Clearance Constraint (Gap=0.254mm) (All),(All)
Rule Violations :0

Processing Rule : Broken-Net Constraint ( (All) )
Rule Violations :0

Processing Rule : Short-Circuit Constraint (Allowed=No) (All),(All)
Rule Violations :0


Violations Detected : 0
Time Elapsed        : 00:00:00
```

图 4-96　直流电源适配器.DRC 报告文件

9）放置尺寸指示并查看三维 PCB

将板层标签中的 Top Overlay（顶层丝印层）置为当前层，单击实用工具栏中的放置标准尺寸按钮（见图 4-97），标出 PCB 的尺寸大小如图 4-98 所示。

图 4-97　放置尺寸工具栏

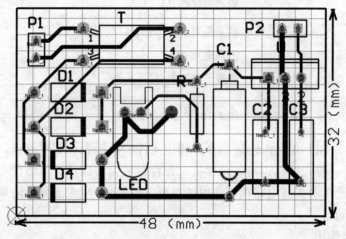

图 4-98　PCB 尺寸指示图

执行【查看】→【显示三维 PCB 板】命令，系统会自动生成"直流电源适配器.PCB3D"文件，在三维 PCB 板上按住鼠标左键不放并移动鼠标，即可多角度观察 PCB，如图 4-99（a）所示为 PCB 正面图，图 4-99（b）所示为 PCB 反面图。

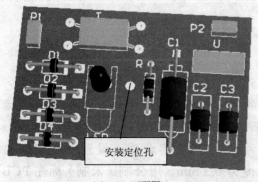

（a）PCB 正面图

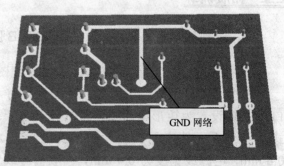

（b）PCB 反面图

图 4-99　PCB 板三维效果图

10）信息报表输出

Protel 对设计的项目或文档提供了生成各种报表和文件的功能，为设计者提供有关设计过程及设计内容的详细资料。

在 PCB 编辑环境下的【报告】菜单如图 4-100 所示，可以生成的报表文件有 PCB 板信息文件、Bill of Materials（元件清单报表）文件简称 BOM 表等。

图 4-100 【报告】菜单

执行【报告】→Bill of Materials 命令，弹出元件清单报表设置对话框，选择需在报表中体现的元件属性，一般元件标识符、元件值、元件封装为必选项，以方便对该设计所采用的元件做统计，作为元件购买与电路板制作时的重要文件资料，生成的元件清单报表（简称 BOM 表）文件类型为*.xls。

11）PCB 项目输出

完成了 PCB 项目设计后，Protel 还提供了有关的项目输出资料，包括用于 PCB 生产的光绘（Gerber）文件，数控钻孔（NC Drill）文件等。

一般，输出完信息报表就完成了 PCB 的设计。

拓展训练

一、绘制单管放大电路的原理图与 PCB 图

绘制如图 4-101 所示单管放大电路的原理图与 PCB 图。

要求：要显示原理图中各元件的标识符，放置输入信号 u_i、输出信号 u_o 与电源接口；PCB 设置为矩形单面板，尺寸无具体要求，元件均采用针脚式封装（具体封装形式注意查看元件库面板中元件的封装模型），元件布局紧凑合理，设置地线宽度为 0.6 mm，电源线宽度为 0.4 mm，一般信号线宽度为 0.3 mm，用公制（米制）标注 PCB 尺寸指示。

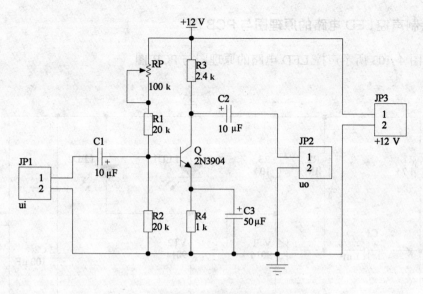

图 4-101　单管放大电路

【提示】：

（1）需考虑放置输入信号 u_i、输出信号 u_o 与 +12 V 电源接口。

（2）执行【放置】→【手工放置节点】菜单命令，可在十字交叉处放置节点。

二、绘制双电源电路的原理图与 PCB 图

绘制如图 4-102 所示双电源电路的原理图与 PCB 图。

要求：要显示原理图中各元件的标识符，标识符可以与图 4-102 中不一致；PCB 设置为矩形单面板，尺寸无具体要求，元件均采用针脚式封装（具体封装形式注意查看元件库面板中元件的封装模型），元件布局紧凑合理，设置地线宽度为 30 mil，电源线宽度为 20 mil，一般信号线宽度为 10 mil，用公制（米制）标注 PCB 尺寸指示。

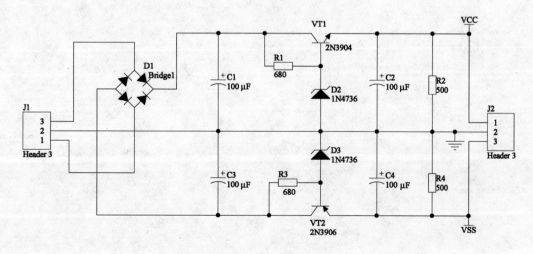

图 4-102　双电源电路

三、绘制声控 LED 电路的原理图与 PCB 图

绘制如图 4-103 所示声控 LED 电路的原理图与 PCB 图

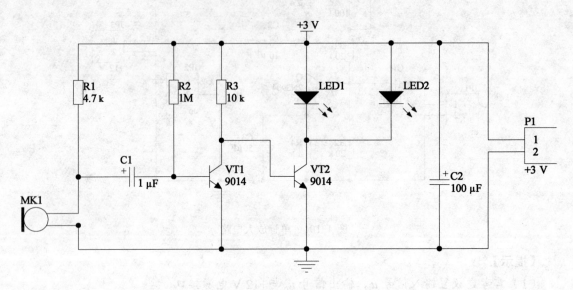

图 4-103 声控 LED 电路

要求：要显示原理图中各元件的标识符，标识符可以与图 4-103 中不一致；PCB 设置为矩形单面板，尺寸无具体要求，元件均采用针脚式封装（具体封装形式注意查看元件库面板中元件的封装模型），元件布局紧凑合理，设置地线宽度为 30 mil，电源线宽度为 20 mil，一般信号线宽度为 10 mil，用公制（米制）标注 PCB 尺寸指示。

项目五　数字秒表电路的印制电路板设计与制作

项目简介

本项目通过"数字秒表的电路原理图设计"与"数字秒表电路的印制电路板设计与制作"两个任务，进一步熟悉电路原理图的绘制过程，了解复合元件的属性设置，熟悉印制电路板的布线规则设置，熟悉自动布线与手动调整布线的操作。

数字秒表电路由脉冲发生电路、计数器电路和驱动显示电路组成，是数字电子技术学习的重点内容，本项目介绍简易数字秒表的 PCB 设计过程。

图 5-1 所示为数字秒表电路的计数与显示电路，图 5-2 所示为秒信号脉冲发生电路，在实际制作 PCB 时，可以将所有电路设计在同一印制电路板上，也可以将其设计为两块印制电路板上，通过接口进行连接。本项目将设计为两块印制电路板，本书仅给出图 5-1 的 PCB 制作过程。

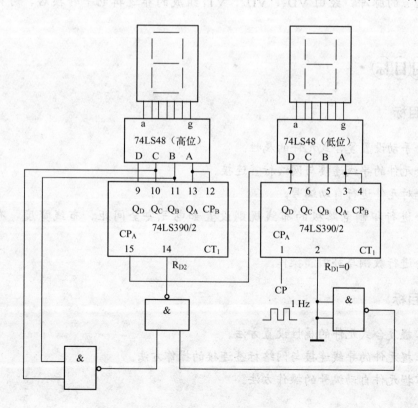

图 5-1　数字秒表计数显示电路

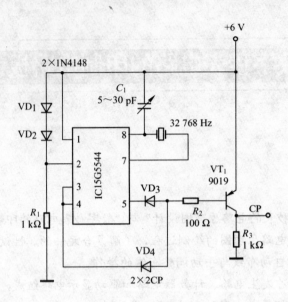

图 5-2　数字秒表秒信号发生电路

图 5-2 中的 IC15G5544 为石英钟集成电路，在电路中作为秒信号发生器，其 3、5 引脚输出 2 s 的脉冲，经由 VD$_3$、VD$_4$、VT$_1$ 组成的非逻辑电平转换后，可得到秒信号脉冲。

 学习目标

技能目标

（1）会手动设置复合式元件的属性。

（2）会元件的导线连接与网络标签连接。

（3）会对元件进行自动编号。

（4）会进行印制电路板的布线规则设置如电气安全间距、布线宽度，布线拓扑规则等。

（5）会进行敷铜与补泪滴操作。

知识目标

（1）掌握复合式元件的属性设置方法。

（2）掌握元件的导线连接与网络标签连接的操作方法。

（3）掌握元件自动编号的操作方法。

（4）熟悉印制电路板的布线规则设置如电气安全间距、布线宽度、布线拓扑规则等。

（5）掌握敷铜与补泪滴操作方法，并了解其作用。

任务一　数字秒表的电路原理图设计

任务描述

（1）根据图 5-1 所示电路，设计数字秒表电路原理图，要求添加电源、启动（停止）与清零按钮开关。

（2）将完成的图形以"数字秒表.SchDoc"为文件名保存在自己的文件夹中。

相关知识

一、查找元件

1．元件过滤器栏

Miscellaneous Devices.IntLib 为常用基本元件库，其中包含了电路原理图中的常用元件如电阻元件、电容元件、二极管、三极管、可控硅等，Miscellaneous Connectors.IntLib 为常用连接件库，其中包含了常用的连接件如并口、串口、电源接口等。

元件库面板中，"*"一栏为元件过滤器栏。过滤器栏中为"*"通配符时，代表当前元件库中的所有元件将被列出。绘制原理图时，在许多元件中去一个一个地查找所需元件，必将降低原理图的绘制速度，合理设置过滤器栏将会提高查找元件速度。比如在常用基本元件库中找电阻元件，该元件的英文首写字母为"R"，将过滤器栏设置为"R*"后，以"R"开头的所有元件将被列出，这样即可很方便地找到电阻元件；同理，查找电容元件时，将过滤器栏设置为"C*"。

做电路原理图时要合理设置过滤器栏，熟悉常用基本元件库及常用连接件库中的元件，熟悉常用元件符号的英文名称或首写字母，这样可以提高原理图的绘制速度。

2．查找元件

单击元件库面板中的【查找】按钮，即可弹出【元件库查找】对话框如图 5-3 所示，按图 5-3 进行设置，单击【查找】按钮可看到元件库面板有关"*74LS48*"（设置查找条件时，不区分大小写）元件的查找结果如图 5-4 所示。选择 TI 公司的 DIP-16 双列直插针脚式封装元件，放置该元件时会弹出如图 5-5 所示的对话框，提示"是否加载该元件所在的集成库"，单击【是】按钮即可加载该元件库。

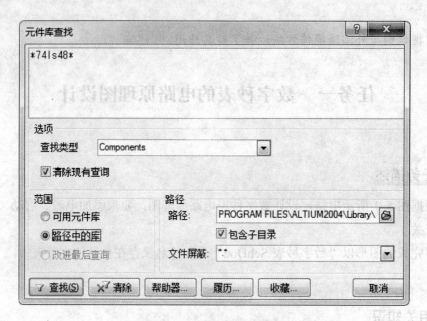

图 5-3　元件库查找对话框

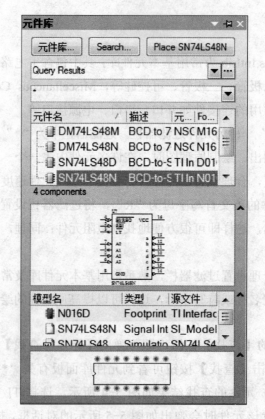

图 5-4　元件查找结果

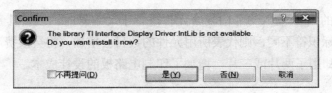

图 5-5　是否加载元件库提示

二、复合元件

含有多个相同功能模块子件的元件称为复合元件。

如图 5-6 所示，单击数字式设备工具栏中四 2 输入与非门按钮，放置四 2 输入与非门。

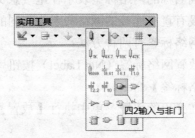

图 5-6　放置四 2 输入与非门

放置该元件后，双击该元件符号图标，弹出其属性对话框如图 5-7 所示。其中 Part1/4 说明器件含有四个子件，此为第 1 子件，在原理图中显示元件编号为"*A"（*为元件标识符）。在进行手动编号时，要注意同一复合器件的元件标识符要相同，同时要利用按钮 ＞ 来改变子件编号。一般在绘制含有复合器件或元件较多且复杂的原理图时，建议采用自动编号，其操作过程将在本任务实施中做详细说明。

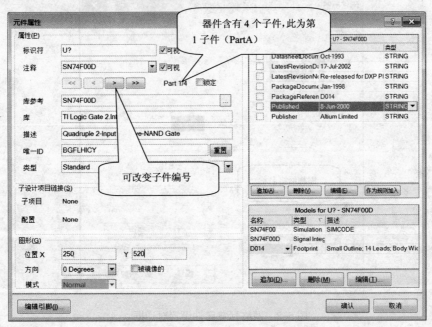

图 5-7　四 2 输入与非门属性对话框

在对本任务中的四 2 输入与非门复合元件进行手动编号时，应将其元件标识符设为相同。若每个子件的标识符不同，则代表所用元件的数目会增加，将会浪费芯片，本来一个芯片可以解决问题，却用了两片或三片，增加了印制电路板的设计成本。

三、网络标签

Protel 中电路的连接方式除了前面介绍的导线直接连接外，还可以通过相同名称的网络标签进行连接。

电路原理图中，彼此连接在一起的元件引脚称为网络（Net）。网络名称是一个电气连接点，同一个电路原理图中，相同名称的网络标签表示在电气意义上是连接在一起的。网络标签的用途是将两个或两个以上没有直接连接的网络命名为相同的的网络名称，使它们在电气意义上属于同一个网络。放置网络标签有四种方法：

（1）单击配线工具栏中的放置网络标签（Net Label）按钮，进入网络标签放置状态。

（2）执行【放置】→【网络标签】命令。

（3）在电路窗口，右击，在弹出的快捷菜单中执行【放置】→【网络标签】命令。

（4）利用快捷键【P+N】。

进入网络标签放置状态后，光标变为十字状，其上附着一网络标签，按【Tab】键，弹出【网络标签】属性设置对话框如图 5-8 所示，即可进行网络标签名称的修改，设置完网络标签属性后，单击【确认】按钮，拖动鼠标使光标移动到需放置网络标签的电气连接点上（如元件的引脚端点处，为了将元件引脚号与网络标签都清楚地显示，可先绘制一段导线将元件引脚加长）单击，即可完成网络标签的放置。

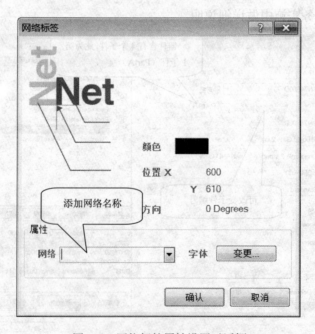

图 5-8　网络标签属性设置对话框

在绘制原理图时，若连接电路比较远或由于走线比较困难、比较复杂时，可利用同名称的网络标签代替实际的导线连接，这样绘制的原理图简洁易读。

任务实施

数字秒表电路原理图的设计过程如下：

1）创建文件并保存

创建项目文件与原理图文件并保存。确认将原理图文件用项目文件进行管理。完成后的 Projects（项目）面板如图 5-9 所示。

图 5-9　创建文件后的 Projects（项目）面板

2）放置元件

本项目所用元件为七段数码管、74LS48、74LS390、与非门。其中七段数码管在 Miscellaneous Devices.IntLib 基本元件库中；与非门可通过实用工具栏中的数字设备进行放置；74LS48 与 74LS390 可通过元件库面板中的【查找】按钮进行元件搜索。在本任务中，放置元件时，先不用对元件进行标识符及属性设置。

（1）放置七段数码管。七段数码管有共阴极（Common Cathode）CC 和共阳极（Common Anode）CA 两种。本项目用共阴极数码管。

按图 5-10 所示放置共阴极七段数码管，连续放置两个。

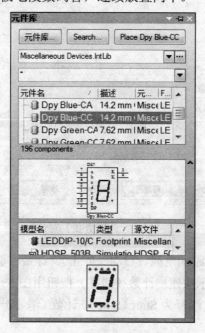

图 5-10　放置七段数码管

（2）放置与非门。Protel DXP 2004 中有电阻元件、电容元件、逻辑门电路及译码器等常用元件的工具栏如图 5-11 所示，利用它可方便地放置常用的电阻元件、电容元件及门电路元件。本项目所用元件为与非门，单击实用元件工具栏中的四 2 输入与非门按钮，连续放置三个。

图 5-11　实用元件工具栏

（3）放置 74LS48 与 74LS390。参考前面的相关知识"查找元件"的内容，查找 74LS48 后选择 TI 公司的 DIP-16 双列直插针脚式封装元件，连续放置两个该元件并加载该元件库。单击元件库面板中的【查找】按钮，即可弹出【元件库查找】对话框，按图 5-12 进行设置查找 74LS390，单击【查找】按钮可看到系统自动运行查找。查找结果如图 5-13 所示，选择 TI 公司的 DIP-16 元件。连续放置两个该元件并加载该元件库。

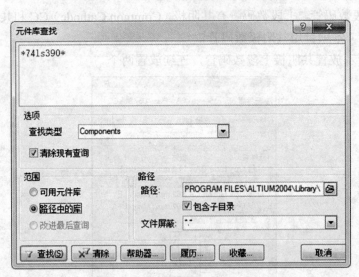

图 5-12　【元件库查找】对话框

（4）放置按钮。本任务需添加电源、启动（停止）、计数（清零）按钮。电源、启动（停止）按钮用如图 5-14（a）所示按钮；计数（清零）按钮用图 5-14（b）所示按钮。将电源按钮注释为 Power、启动（停止）注释为 Start（Stop）、计数（清零）按钮注释为 Counter（Clear），并将注释栏显示出来。

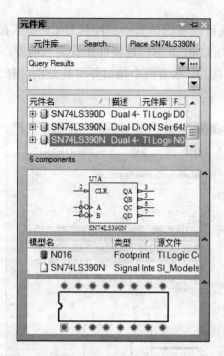

图 5-13 放置 74LS390

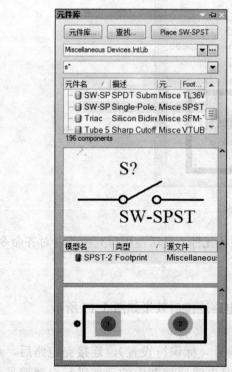

（a）电源、启动（停止）按钮

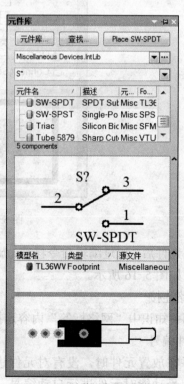

（b）计数（清零）按钮

图 5-14 放置按钮

（5）放置接口器件。本项目需考虑放置秒脉冲信号 CP 接入接口与集成芯片供电电源接口。将 Miscellaneous Connectors.IntLib 常用连接件库置为当前库，在过滤器栏中设置"H*"，如图 5-15 所示找到 Header2 接口，放置两个接口并将其分别注释为 VCC 和 CP，并将注释栏显示出来。

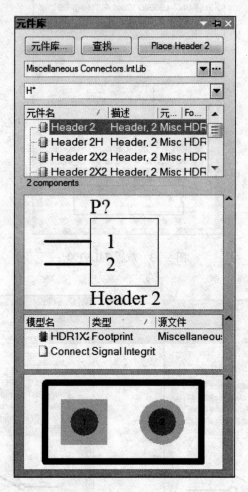

图 5-15　放置接口

放置完元件后，通过编辑命令移动、旋转、对齐各元件，灵活使用排列中的各对齐命令。编辑后效果如图 5-16 所示。

3）电路连接

参考相关知识中"网络标签"内容连接电路。电路连接后效果如图 5-17 所示。

4）元件编号

本任务在放置元件时，没有对元件进行手动编号（标识符设置），连接完电路后，可利用自动编号功能对元件进行自动编号。下面介绍对电路原理图中的元件进行自动编号的相关操作。

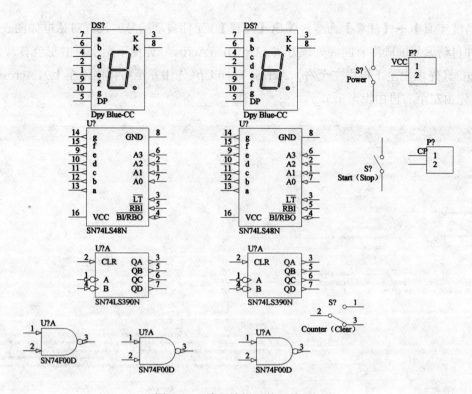

图 5-16 放置编辑元件后效果图

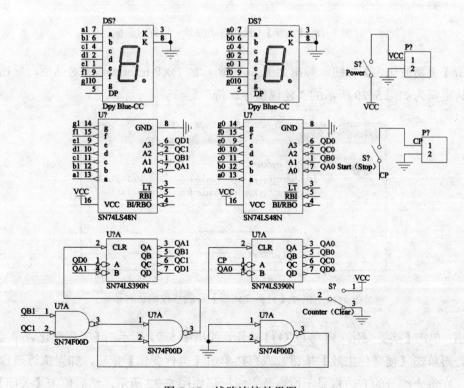

图 5-17 线路连接效果图

　　执行【工具】→【注释】命令，弹出【注释】（元件自动编号）设置对话框如图 5-18 所示。元件自动编号的顺序有四种处理方式：Up Then Across（先由下至上再由左至右）、Down Then Across（先由上至下再由左至右）、Across Then Up（先由左至右再由下至上）、Across Then Down（先由左至右再由上至下）。

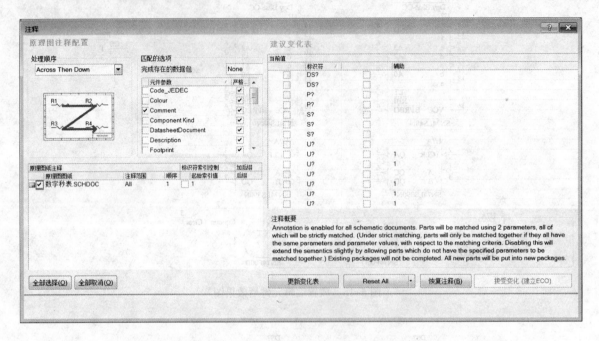

图 5-18　【注释】（元件自动编号）设置对话框

　　单击【更新变化表】按钮，弹出如图 5-19 所示的 DXP Information 对话框，单击 OK 按钮，确认更新为如图 5-20 所示的"建议值标识符"。

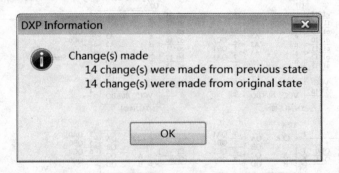

图 5-19　执行【更新变化表】后的修改确认对话框

　　然后，单击【接受变化（建立 ECO）】按钮，弹出图 5-21 所示的【工程变化订单（ECO）】对话框，再单击【使变化生效】按钮，或直接单击【执行变化】按钮，如果执行过程中未发现问题，在每个编号的右边将显示检查及完成标记如图 5-22 所示，然后单击【关闭】按钮，回到原理图编辑窗口，即可发现所有元件均已完成编号如图 5-23 所示。

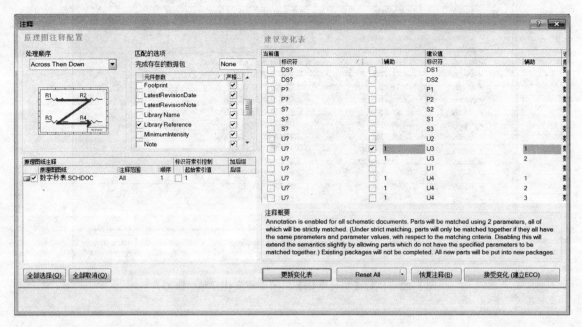

图 5-20　执行【更新变化表】后的注释对话框

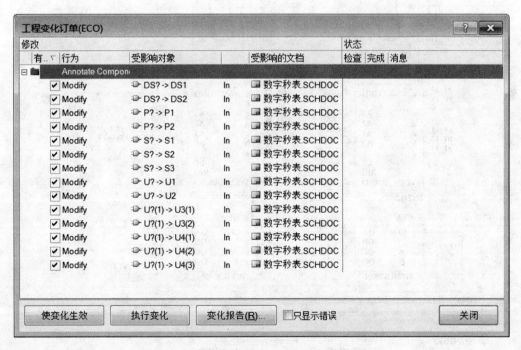

图 5-21　【工程变化订单（ECO）】对话框

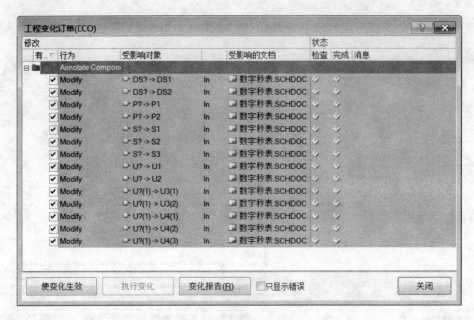

图 5-22　执行【执行变化】后的工程变化订单（ECO）

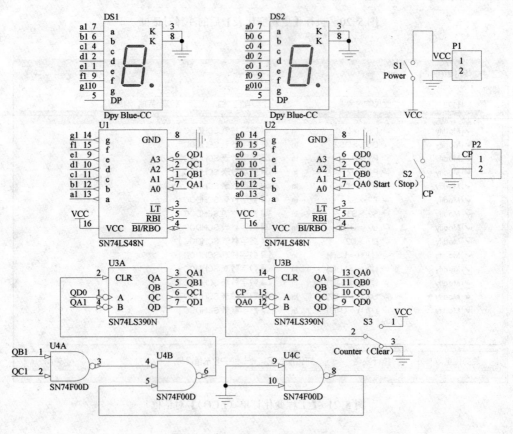

图 5-23　自动编号后的原理图

观察图 5-23 中 SN74LS390N 与 SN74F00D 元件编号。可发现其 U3A 与 U3B 元件属性对话框中的"标识符"相同均为 U3，则说明其属于同一元件。U4A、U4B 与 U4C 的"标识符"均为 U4，它们也属于同一元件。

5）电气规则检查

再次确认该原理图文件已由项目文件管理，执行【项目管理】→【项目管理选项】命令，进行电气规则设置。然后执行【项目管理】→【Compile Document 数字秒表.SCHDOC】编译原理图命令，进行原理图规则检查。之后通过标签栏执行 System→Messages 命令，弹出 Messages（消息）对话框如图 5-24 所示。

Class	Document	Source	Message	Time	Date	N..
[Warning]	数字秒表.SCHDOC	Compiler	Adding items to hidden net GND	14:36:43	2012/4..	1
[Warning]	数字秒表.SCHDOC	Compiler	Adding items to hidden net VCC	14:36:43	2012/4..	2
[Warning]	数字秒表.SCHDOC	Compiler	Net CP has no driving source (Pin P2-1,Pin S2-1,Pi..	14:36:43	2012/4..	3
[Warning]	数字秒表.SCHDOC	Compiler	Net NetS3_2 has no driving source (Pin S3-2,Pin U..	14:36:43	2012/4..	4
[Warning]	数字秒表.SCHDOC	Compiler	Net NetU1_3 has no driving source (Pin U1-3)	14:36:43	2012/4..	5
[Warning]	数字秒表.SCHDOC	Compiler	Net NetU1_5 has no driving source (Pin U1-5)	14:36:43	2012/4..	6
[Warning]	数字秒表.SCHDOC	Compiler	Net NetU2_3 has no driving source (Pin U2-3)	14:36:43	2012/4..	7
[Warning]	数字秒表.SCHDOC	Compiler	Net NetU2_5 has no driving source (Pin U2-5)	14:36:43	2012/4..	8

图 5-24 原理图规则检查后 Messages（消息）对话框

系统默认元件的输入型引脚（还有输出型、双向型）必须连接，但实际使用时某些输入型引脚也可不连接。此消息对话框的后 4 条是说明该元件的输入型引脚未连接，需对这些引脚处放置忽略 ERC 测试点指示符。

单击工具栏中放置忽略 ERC（Place no ERC）检查指示符按钮×，在未连接的输入型（Input）或双向型（IO）引脚处添加该指示符如图 5-25 所示。保存后，重新进行原理图规则检查，检查后的消息对话框如图 5-26 所示。

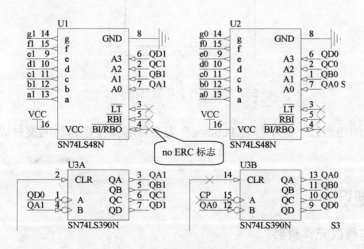

图 5-25 放置忽略 ERC 指示符

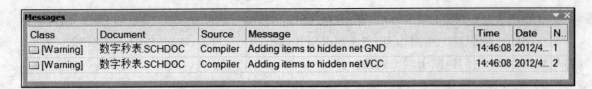

图 5-26　放置忽略 ERC 后规则检查 Messages（消息）对话框

若使集成芯片正常工作，必须给它加上合适的电源。这两条警告信息是提示给隐藏电源引脚的集成芯片（如 U3 与 U4）添加电源符号。集成芯片的电源引脚为 VCC 与 GND，此电路中的 P1 接口就是为各个集成芯片供电的电源接口。

任务二　数字秒表电路的印制电路板设计与制作

任务描述

（1）绘制数字秒表印制电路板，印制电路板尺寸如图 5-27 所示，四个安装定位孔中心距板边缘距离为 2 mm×2 mm，直径为 2 mm。

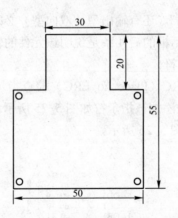

图 5-27　数字秒表印制电路板尺寸

（2）将完成的图形以"数字秒表.PcbDoc"为文件名保存在自己的文件夹中。

相关知识

一、查看与修改元件封装

元件封装是印制电路板制作时很重要的信息，其封装模型必须与实际所使用的元件封装模型及尺寸相吻合。在设计电路原理图时，应注意元件的封装是否与实际使用的元件封装相吻合。下面以 U4 元件为例，介绍查看元件封装并修改封装的过程。

1. 查看元件封装

在未转换元件信息到 PCB 文件之前，可以在原理图文件环境中查看元件封装。也可在转换元件信息到 PCB 文件之后，查看元件封装。下面以与非门元件 U4 为例介绍在原理图文件环境中，查看元件封装（PCB 模型）的过程。

在原理图文件环境中，打开 U4A 属性对话框如图 5-28 所示，在对话框右下角的 Models for U4-SN74F00D 区域中，选择 D014 Footprint，单击【编辑】按钮，弹出如图 5-29 所示对话框，提示"D014 not found in TI Logic Gate2.IntLib"，是因为，该元件是通过实用工具栏中数字式设备来放置的，该元件所在的 TI Logic Gate2.IntLib 集成库没有被加载到可用库之列，因此找不到该元件封装。具体操作可参考项目四中加载元件集成库的过程，将 TI Logic Gate2.IntLib 集成库加载，加载该集成库之后，再重复上面过程，即可看到图 5-30 所示对话框中该元件的封装，单击【取消】按钮可关闭该对话框。

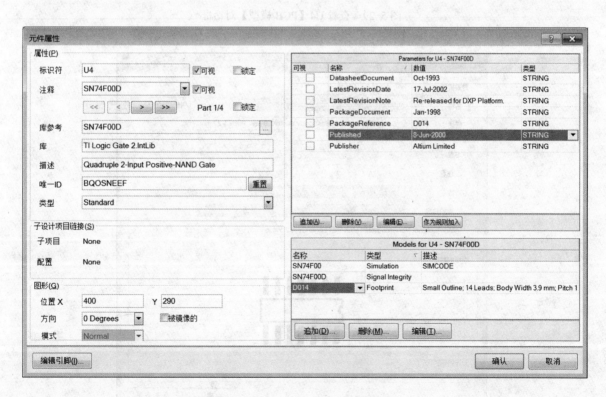

图 5-28　元件 U4 属性对话框

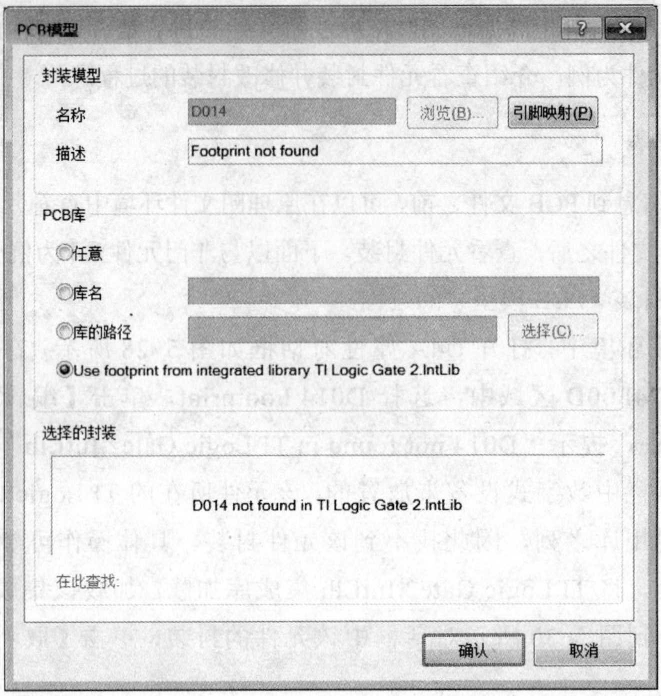

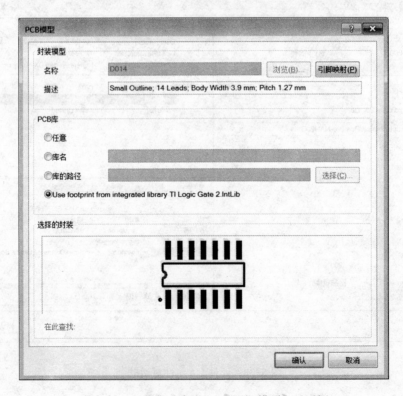

图 5-29　查看 U4【PCB 模型】对话框

图 5-30　加载集成库后 U4【PCB 模型】对话框

同理，打开 U1 元件属性对话框，单击【编辑】按钮，即可查看元件 U1【PCB 模型】如图 5-31 所示，单击【取消】按钮可关闭该对话框。一般，在通过【元件库】面板放置元件时，需注意元件的封装是否符合实际要求。

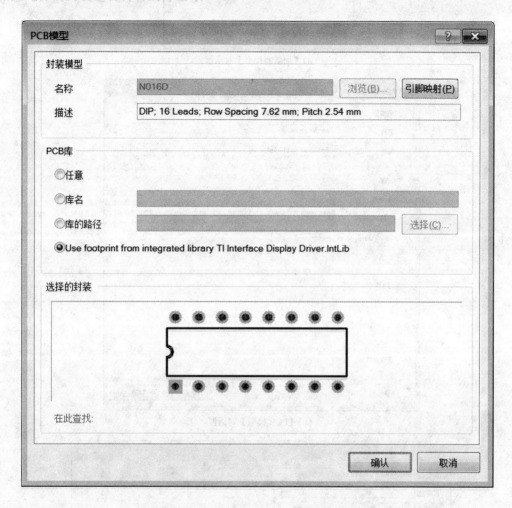

图 5-31　查看元件 U1【PCB 模型】对话框

2. 修改元件封装

打开 U4 元件属性对话框，单击【追加】按钮；弹出【加新的模型】对话框如图 5-32（a）所示，单击【确认】按钮；弹出【PCB 模型】对话框如图 5-32（b）所示；如图 5-32（c）所示切换 Miscellaneous Devices.IntLib [Footprint View]为当前库，浏览查找 DIP-14 双列直插针脚式 14 引脚封装，单击【确认】按钮；弹出如图 5-32（d）所示【PCB 模型】对话框，单击【确认】按钮；回到元件 U4 属性对话框如图 5-32（e）所示，看到追加的 DIP-14 为 U4 元件的封装，单击【确认】按钮，完成元件封装的修改。同理，修改 U4B 与 U4C 的封装。

（a）【加新的模型】对话框

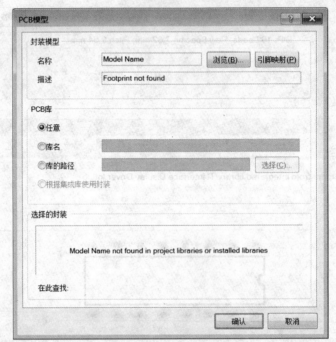

（b）【PCB 模型】对话框

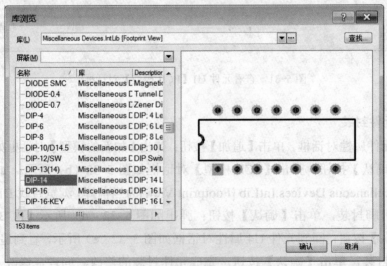

（c）【库浏览】对话框

图 5-32　追加新的封装【PCB 模型】

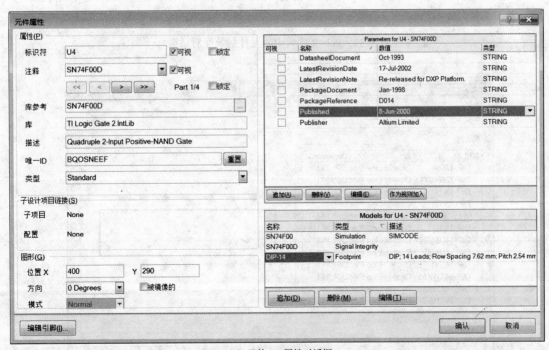

（d）【PCB 模型】对话框

（e）元件 U4 属性对话框

图 5-32　追加新的封装【PCB 模型】（续）

　　另外，DIP-14 的封装，也可在 Dual-In-Line Package.PcbLib 封装库中找到，但是需先加载该封装库，其所在路径为安装文件 Library 目录下的 Pcb 文件夹中，在查找该库时，需按图 5-33 所示，将文件类型切换为 ".PCBLIB"，找到该库后将其加载，然后再按图 5-34 选择 DIP-14 封装。

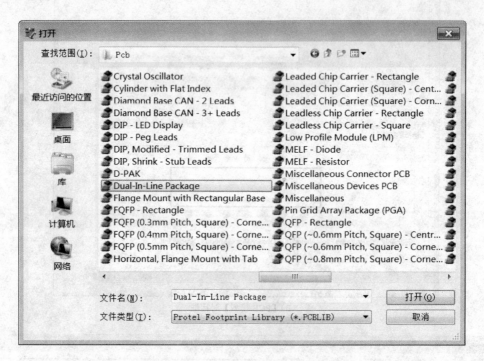

图 5-33　Pcb 文件夹中的元件封装库对话框

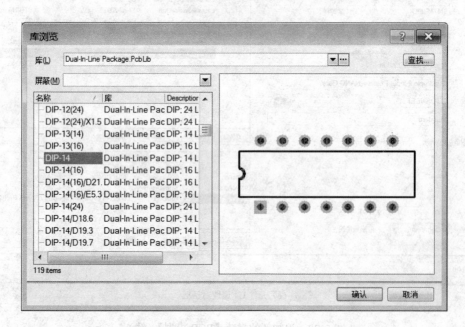

图 5-34　Dual-In-Line Package.PcbLib【库浏览】对话框

二、原理图与 PCB 图的同步

在印制电路板设计中，时常会发生电路原理图的局部修改或更换元件封装，修改后并不影响已经做好的印制电路板的布局和布线，执行原理图与 PCB 图同步更新命令后，仅仅影响修改的部分，但是不论是原理图还是 PCB 图做出修改，都必须随时保持原理图与 PCB 图的同步性。

三、元件布线设计规则

PCB 设计规则共包含十个规则类。如 Electrical（电气）设计规则（系统默认焊盘与导线间的安全间距为 10 mil）、Routing（布线）设计规则、SMT（元件）设计规则、Mask（阻焊）设计规则（系统默认阻焊层到焊盘间的延伸距离为 4 mil）、Plane（内部电源层）设计规则、Testpoint（测试点）设计规则、Manufacturing（制造）设计规则、High Speed（高速电路）设计规则、Placement（布局）设计规则（放置元件时，元件之间的安全间距默认值为 10 mil）、Signal Integrity（信号完整性）设计规则。

Routing（布线）设计规则共分为七个规则，如 Width（布线宽度）设计规则、Routing Topology（布线拓扑）设计规则、Routing Priority（布线优先级）设计规则、Routing Layers（布线层）设计规则、Routing Corners（导线转角）设计规则、Routing Via Style（过孔）设计规则、Fanout Control（扇出式布线）设计规则。

Routing Topology（布线拓扑）设计规则共有 7 种如图 5-35 所示，各种拓扑规则如图 5-36 所示。Shortest（布线最短）设计规则、Horizontal（水平方向布线最短）设计规则、Vertical（垂直方向布线最短）设计规则、Daisy-Simple（简单雏菊花）设计规则（采用链式连通法则，从一点到另一点连通所有的节点，并使连线最短）、Daisy-MidDriven（雏菊花中点）设计规则（选择一个源点，以它为中心向左右连通所有的节点，并使连线最短）、Daisy-Balanced（雏菊花平衡）设计规则（选择一个源点，将所有的中间节点数目平均分成组，所有的组都连接在源点上，并使连线最短）、Starburst（星形）设计规则（选择一个源点，以星形方式去连接其他节点，并使连线最短）。

图 5-35　布线拓扑设计规则

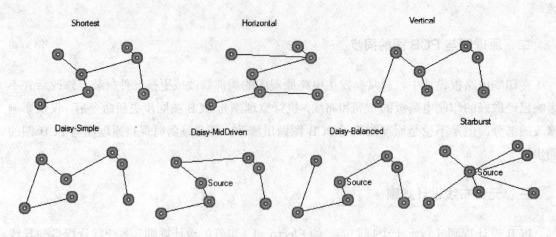

图 5-36　各种拓扑规则图

系统默认的 Routing Topology（布线拓扑）设计规则为 Shortest（布线最短）设计规则如图 5-37 所示。

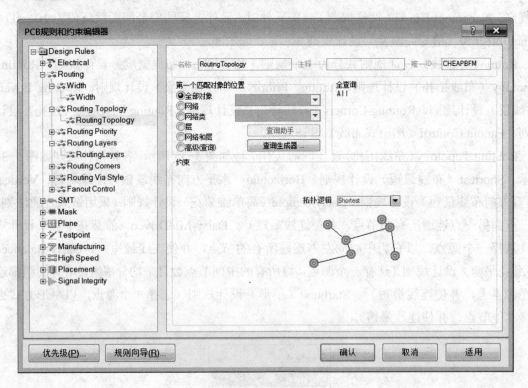

图 5-37　拓扑规则设置

Routing Priority（布线优先级）设置，设置的范围为 0～100，数值越大，优先级越高。

四、印制电路板与电子产品工艺结构

一台性能优良的电子产品，除选择高质量的元器件，合理的电路外，印制电路板的组件布局和电气联机方向的正确结构设计是决定产品能否可靠工作的一个关键问题，对同一种组件和参数的电路，由于组件布局设计和电气联机方向的不同会产生不同的结果，其结果可能存在很大的差异。因而，必须把如何正确设计印制电路板组件布局的结构和正确选择布线方向及整体仪器的工艺结构三方面联合起来考虑，合理的工艺结构，既可消除因布线不当而产生的噪声干扰，同时便于生产中的安装、调试与检修等。

每一种产品的结构必须根据具体要求（电气性能、整机结构安装及面板布局等要求），采取相应的结构设计方案，并对几种可行设计方案进行比较和反复修改。

任务实施

数字秒表印制电路板的设计与制作过程如下：

1）创建文件并保存

打开"数字秒表.PrjPCB"与"数字秒表.SchDoc"文件。

在 Projects（项目）面板中，选择"数字秒表.PrjPCB"文件右击，在弹出的快捷菜单中执行【追加新文件到项目中】→PCB 命令，创建 PCB 文件，并将其保存为"数字秒表.PcbDoc"。

2）PCB 尺寸设计

将 Keep-Out Layer（禁止布线层）设置为当前层，单击实用工具栏中的设定原点按钮⊗，设置 PCB 板的原点位置。参考项目四的相关操作，将原点标记显示出。

确认所用单位为公制（米制）单位，公制（米制）与英制单位切换快捷键为【Q】，按照 PCB 板的尺寸要求，单击实用工具栏中的直线按钮／，用坐标设定法控制直线长度，绘制出 PCB 板框如图 5-38（a）所示。执行【设计】→【PCB 板形状】→【重定义 PCB 板形状】命令，依次单击 PCB 板框各角点并使其封闭，定义 PCB 的物理边界如图 5-38（b）所示。

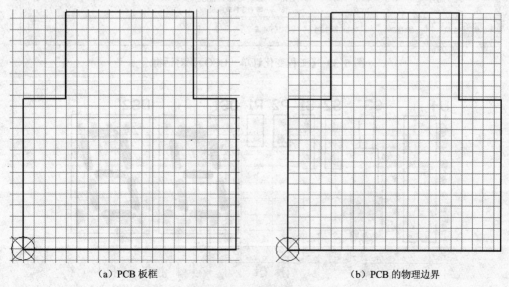

(a) PCB 板框　　　　　　　　　　(b) PCB 的物理边界

图 5-38　PCB 板框设计

3）信息转换

（1）查看确认各元件封装。本项目元件均采用针脚式封装。查看原理图中各元件的封装，发现除 U4 元件为表面粘着式封装外，其他均为针脚式封装，需将 U4 封装修改为 DIP-14 双列直插针脚式的封装，元件封装的修改过程请参考本任务的相关知识。

元件封装是印制电路板制作时很重要的信息，其封装模型必须与实际所使用的元件封装模型及尺寸相吻合。

（2）转换信息。在"数字秒表.SchDoc"文件环境中，执行【设计】→【Update PCB Document 数字秒表.PcbDoc】命令，在弹出的工程变化订单（Engineering Change Order）对话框中，设置 Add Rooms 无效，单击【使变化生效】按钮，检查状态后的工程订单对话框如图 5-39 所示，单击【执行变化】按钮，可看到"数字秒表.PcbDoc"文件中完成信息转换后的元件与网络如图 5-40 所示。

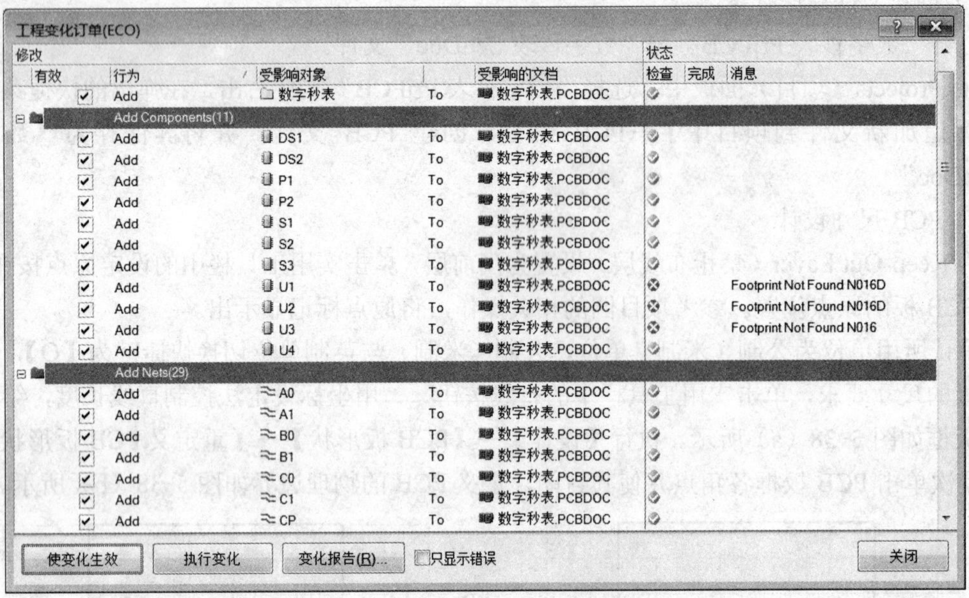

图 5-39　【工程变化订单（ECO）】对话框

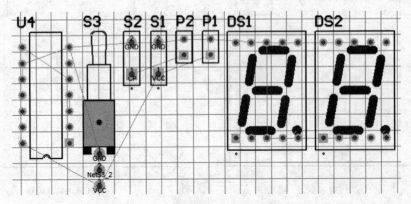

图 5-40　完成部分元件信息转换后

图 5-39 中提示 U1、U2 与 U3 的封装没找到，可看到完成信息转换后的图 5-40 中，没有 U1、U2 与 U3 元件。

回到"数字秒表.SchDoc"文件，查看 U1 与 U2 元件属性可知其所在集成库为 TI Interface Display Driver .IntLib，U3 元件所在集成库为 TI Logic Counter.IntLib。单击元件库工作面板中的【元件库】按钮（参考项目四中加载元件库的过程），加载 U1、U2 与 U3 所在元件集成库。再次进行信息转换的工程变化订单对话框如图 5-41 所示，设置 Add Rooms 无效，即可将 U1、U2 与 U3 信息转换到 PCB 文件中如图 5-42 所示。

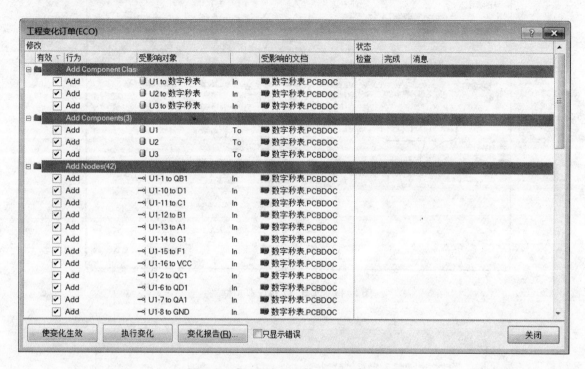

图 5-41 【工程变化订单（ECO）】对话框

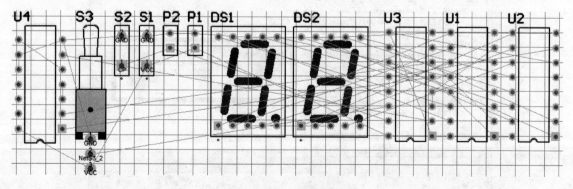

图 5-42 完成信息转换后

原理图与 PCB 文件中的信息，可根据设计要求进行修改，并随时进行同步更新。也可在 PCB 文件环境中，修改 U4 元件封装，然后执行【设计】→【Update Schematics in 数字秒表.PrjPCB】命令，即可将封装修改信息更新到原理图中 U4 元件的属性中。

本任务需修改 S3 按钮的封装，在 PCB 环境中，打开元件 S3 属性对话框如图 5-43 所示，单击"封装"名称后的【…】按钮即弹出库浏览对话框，按图 5-44 所示将 Miscellaneous Connectors.IntLib[Footprint View]集成库置为当前库，浏览找到 HDR1X3 封装，单击【确认】按钮，回到如图 5-45 所示 S3 元件属性对话框，即可看到其封装已被修改为 HDR1X3。

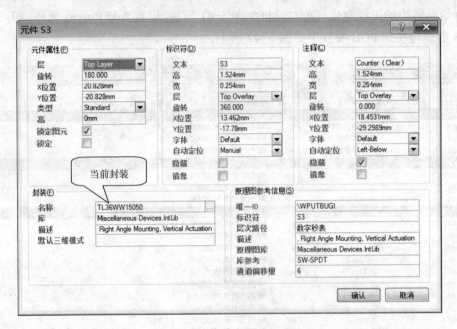

图 5-43　元件 S3 属性对话框

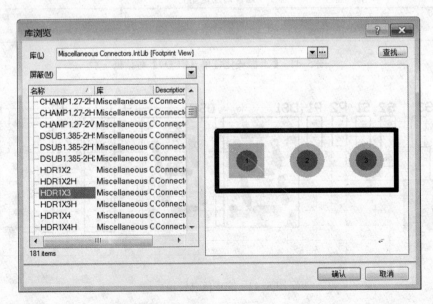

图 5-44　修改 S3 元件封装对话框

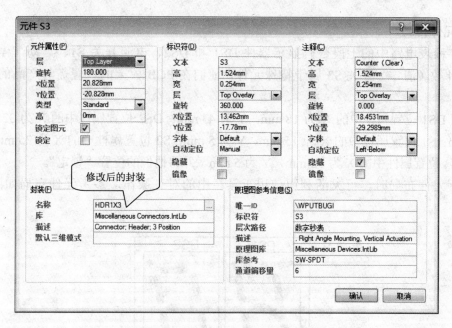

图 5-45 修改后的元件 S3 属性对话框

4）放置安装定位孔

单击放置焊盘按钮，光标变为十字状其上附着一焊盘，按【Tab】键，弹出【焊盘】属性对话框，如图 5-46 所示设置 0 焊盘即安装定位孔的位置为 X：2 mm、Y：2 mm，焊盘内外孔径均设置为 2 mm，形状为 Round 圆形，并设置其【锁定】有效即将焊盘位置固定。同理，放置另三个焊盘（安装定位孔）并设置其位置分别为：X：48 mm、Y：2 mm；X：48 mm、Y：33 mm；X：2 mm、Y：33 mm，标识符分别为 1、2、3，尺寸大小与 0 焊盘（定位孔）相同。

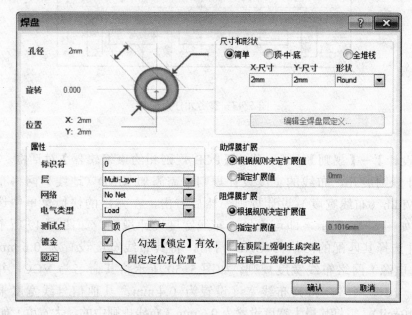

图 5-46 【焊盘】（安装定位孔）属性对话框

5）元件布局

数字秒表电路中的七段数码显示器件 DS1 和 DS2、电源开关 S1、启动（停止）开关 S2、计数（清零）开关 S3 属于特殊元件，他们在 PCB 板上的位置需与产品的外壳相匹配。

设置 DS1 位置属性中的 X 为 18 mm，Y 为 43 mm；DS2 位置属性中的 X 为 32 mm，Y 为 43 mm；S1 位置属性中的 X 为 15 mm，Y 为 5 mm；S2 位置属性中的 X 为 25 mm，Y 为 5 mm；S3 位置属性中的 X 为 35 mm，Y 为 5 mm。并将他们的位置"锁定"。

进行元件布局时，可灵活利用使用工具栏中的对齐操作，参考元件布局如图 5-47 所示。

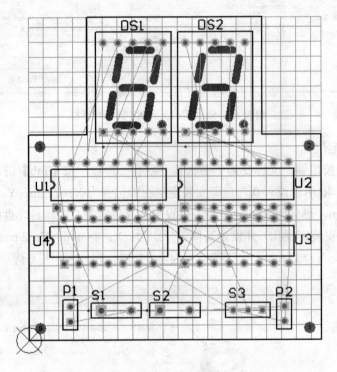

图 5-47　参考元件布局

6）元件布线

执行【设计】→【规则】命令，弹出【PCB 规则和约束编辑器】对话框。将 Routing（布线）设计规则展开，布线的宽度设计规则中需添加 GND（地线）网络布线宽度规则，单击 Width（布线宽度）设计规则，然后右击，在弹出的快捷菜单中选择【新建规则】命令如图 5-48 所示，即可添加一布线宽度设计规则，如图 5-49 所示将其命名为 GND，并选择其匹配的网络为 GND 网络，将其布线宽度设置为 0.6 mm。同理，添加 VCC（电源）网络布线宽度规则，如图 5-50 所示将其命名为 VCC，并选择其匹配的网络为 VCC 网络，将其布线宽度设置为 0.4 mm。其他信号线宽度采用默认的 0.254 mm（10 mil），需将其最大宽度设置为 0.6 mm（布线规则中的最大宽度）如图 5-51 所示，设置最大宽度的目的，是为了手动修改加宽某特殊网络布线时的方便，否则在修改未设置网络布线宽度时，会提出警告信息。

图 5-48　新建布线宽度规则

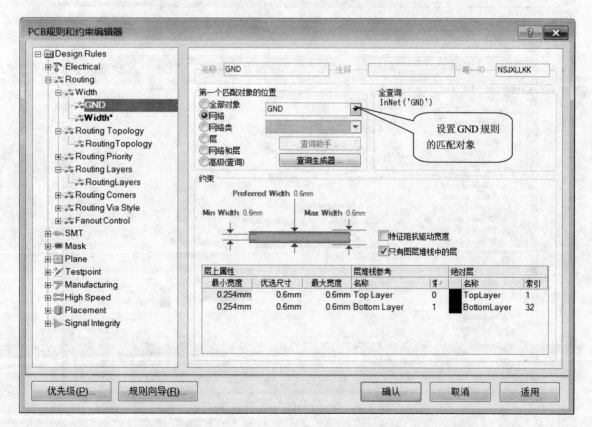

图 5-49　GND（地线）布线宽度规则设置

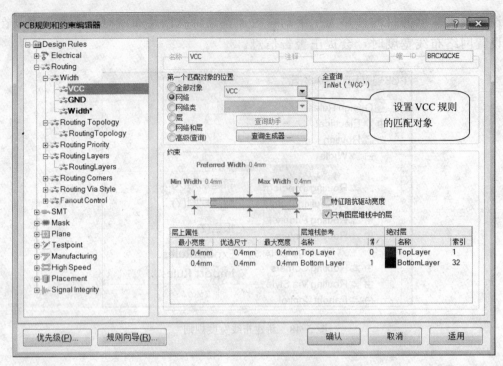

图 5-50 VCC（电源）布线宽度规则设置

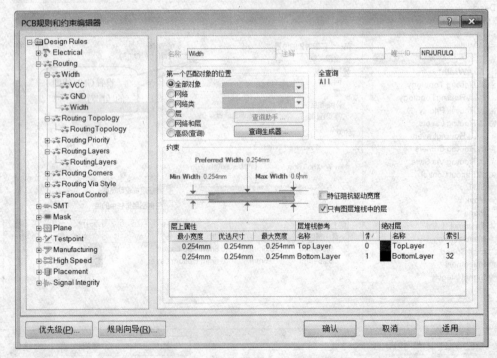

图 5-51 其他信号线宽度规则设置

本项目采用双面板，布线层规则不用做设置。

采用"自动布线+手动调整"的方式，进行元件布线与布线调整。手动调整布线时，要注意切换上下板层。执行自动布线命令后的效果如图 5-52 所示。

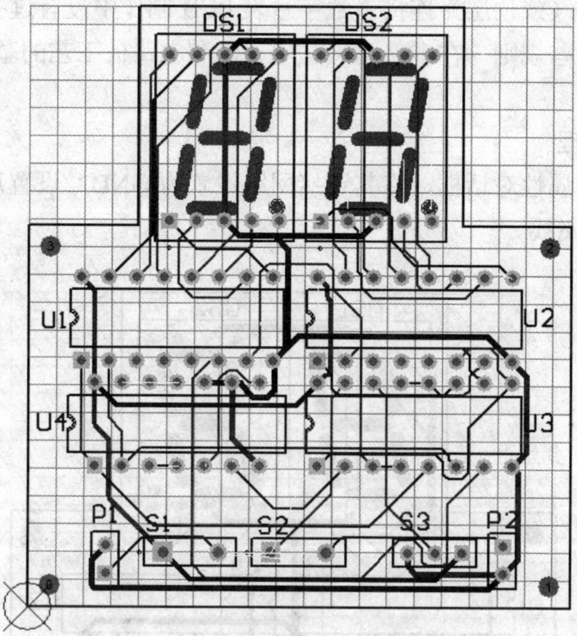

图 5-52　执行自动布线命令后的效果

　　本任务中的电源开关 S1 与电源接口 P1 之间的 NetP1_1 网络如图 5-53（a）所示，在打开电源开关时与 VCC 网络相连，需将其手动修改为宽度为 0.4 mm 的布线。修改网络布线时，需先查看该网络所在的层，系统默认的红色布线为上层铜膜线，蓝色布线为下层铜膜线，切换布线层，单击工具栏中的交互式布线按钮 ，捕捉到 P1 的 1 引脚单击，拖出一根布线，按【Tab】键，弹出布线宽度对话框，设置布线宽度为 0.4 mm，单击【确认】按钮，继续完成该网络布线，直至连接到 S1 的 2 引脚双击，即可完成网络修改，修改 NetP1_1 网络布线后效果如图 5-53（b）所示。

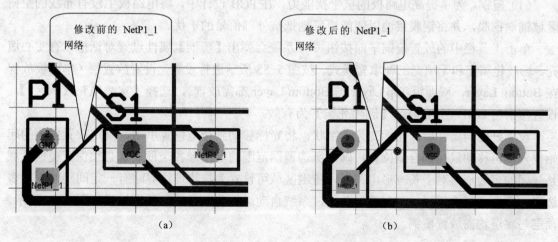

（a）　　　　　　　　　　　　　　（b）

图 5-53　修改 NetP1_1 网络宽度

双面板布线时，若出现上下两层网络线交叉，可通过放置过孔（Via）👆将顶层（或底层）的某一网络线绕到底层（或顶层）连接。数字秒表 PCB 制作中没有过孔出现。

读者可以先熟悉这些规则，在多熟悉一些电子印制电路板工艺的基础上，再去灵活掌握这些规则的设置。

7）PCB 设计后处理

打开四个定位孔的属性对话框，将其连接网络设置为 GND，设置后如图 5-54 所示，可看到连接 GND 网络的飞线。

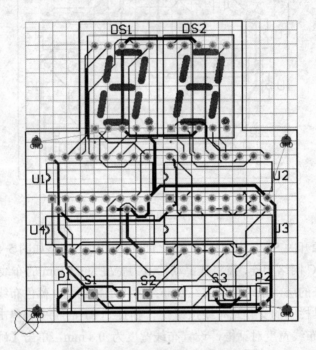

图 5-54　设置定位孔连接 GND 网络

（1）覆铜。为了提高电路板的抗干扰能力，在 PCB 设计中，将电路板上没有布线的空白区域铺满铜膜，并将铜膜接地以便能更好地抵抗外部信号的干扰。

单击工具栏中的放置覆铜平面按钮▦，系统会弹出【覆铜】属性设置对话框，有实心填充、影线化填充和无填充三种填充模式。按图 5-55 所示进行设置，设置放置层（单面板放置在 Bottom Layer，双面板 Top Layer 与 Bottom Layer 都需放置），选择【实心填充（铜区）】，设置覆铜与 GND 网络连接，【删除死铜】为有效。

设置好覆铜属性后，光标变为十字状，将光标移动到合适位置单击，确定放置覆铜的起始位置，再移动鼠标到合适位置，确定所选覆铜范围的多边形各个顶点。必须保证覆铜区域是封闭的多边形，对于长方形电路板，覆铜区域可设置为与物理边界略有一定间距的封闭多边形。覆铜区域选择好后，在窗口单击，系统自动运行覆铜并显示覆铜结果如图 5-56 所示。顶层与底层均需放置覆铜。

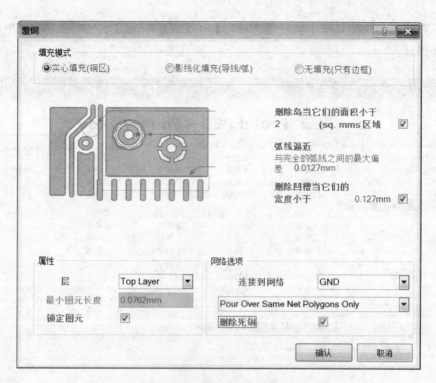

图 5-55　【覆铜】属性设置对话框

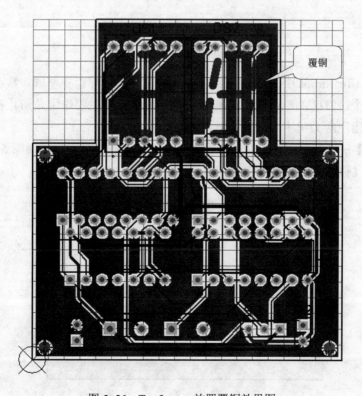

图 5-56　Top Layer 放置覆铜效果图

右击，在弹出的快捷菜单中执行【选择项】→【显示/隐藏】命令，如图 5-57 所示将覆铜区设置为隐藏。

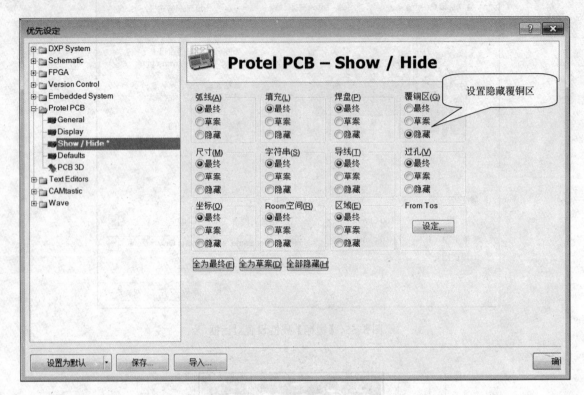

图 5-57　设置隐藏覆铜区对话框

（2）补泪滴（Teardrops）。在印制电路板设计中，为了让焊盘更坚固，常在焊盘和导线之间用铜膜布置一个过渡区，形状像泪滴，故称为补泪滴，其主要作用是防止在钻孔时，焊盘与导线的接触点出现应力集中而使接触处断裂。

执行【工具】→【泪滴焊盘】命令，将弹出【泪滴选项】对话框，如图 5-58 所示。进行泪滴设置，单击【确认】按钮执行补泪滴操作，效果如图 5-59 所示。

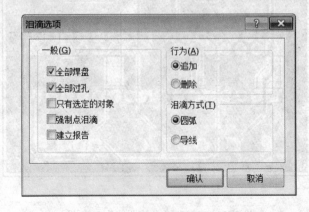

图 5-58　【泪滴选项】对话框

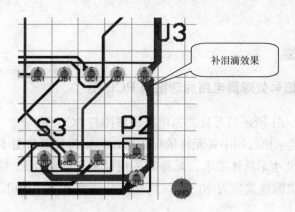

图 5-59　补泪滴

用数字标尺指示 PCB 的尺寸大小如图 5-60 所示。

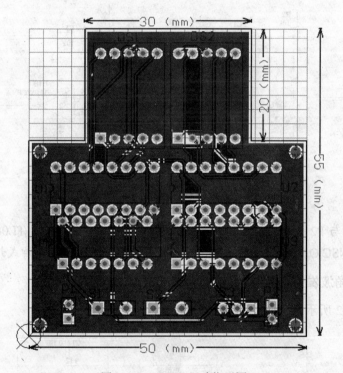

图 5-60　　PCB 尺寸指示图

制作 PCB 时，也可先不对 GND 网络布线，在进行覆铜处理时再将其连接，顶层与底层的 GND 网络通过放置过孔来连接。

8）设计规则检查

执行【工具】→【设计规则检查】命令，进行设计规则检查。

9）各类报表输出

执行【报告】→Bill of Materials 命令，生成 BOM 表。

输出用于 PCB 板生产的光绘（Gerber）文件，数控钻孔用的（NC Drill）文件等文件。

拓展训练

一、绘制信号处理器电路原理图与 PCB 图

绘制如图 5-61 所示信号处理器电路原理图与 PCB 图。

要求：要显示原理图中各元件的标识符，标识符可以与图 5-61 中不一致。PCB 设置为矩形单面板，尺寸无具体要求。元件均采用针脚式封装，元件布局紧凑合理。设置地线宽度为 30 mil，电源线宽度为 20 mil，一般信号线宽度为 10 mil。公制（米制）标注 PCB 尺寸指示。

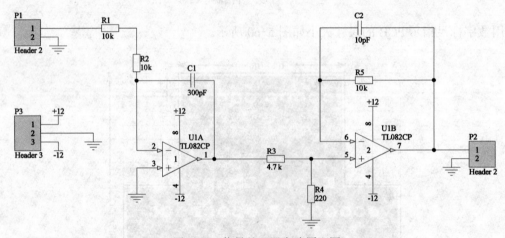

图 5-61　信号处理器电路原理图

【提示】：P1 与 P2 分别为信号输入与输出接口，P3 为电源接口。TL082CP 运算放大器所在的元件库为 NSC Operational Amplifier.IntLib。所有元件均采用针脚式封装。

二、绘制三角波发生器电路原理图与 PCB 图

绘制如图 5-62 所示三角波发生器电路原理图与 PCB 图。

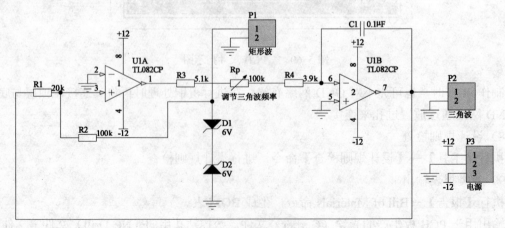

图 5-62　三角波发生器电路原理图

要求：要显示原理图中各元件的标识符，标识符可以与图 5-62 中不一致。PCB 设置为矩形单面板，尺寸无具体要求。元件均采用针脚式封装，元件布局紧凑合理。设置地线宽度为 0.6 mm，电源线宽度为 0.4 mm，一般信号线宽度为 10 mil。公制（米制）标注 PCB 尺寸指示。

【提示】：P1 为矩形信号输出口，P2 为三角波信号输出口，P3 为电源接口，调节 R_P 可调节三角波的频率。TL082CP 运算放大器所在的元件库为 NSC Operational Amplifier.IntLib。所有元件均采用针脚式封装，电位器 R_P 也可采用三端式。

三、绘制 LED 闪烁灯电路原理图与 PCB 图

绘制如图 5-63 所示 LED 闪烁灯电路原理图与 PCB 图。

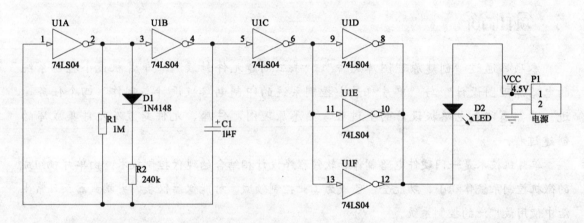

图 5-63 LED 闪烁灯电路

要求：原理图绘制正确、清晰，标识符可以与图 5-63 中不一致。PCB 设置为矩形单面板，尺寸无具体要求。元件均采用针脚式封装，元件布局紧凑合理。设置地线和电源线宽度为 0.3 mm，一般信号线宽度为 10 mil。公制（米制）标注 PCB 尺寸指示。

【提示】：U1 可直接在实用工具栏中调用放置，或加载 TI Logic Gate 2.IntLib 集成库再调用放置，集成 IC 的电源引脚默认的网络名称为 VCC 与 GND，接口 P1 为电源引脚，其网络名称直接用 VCC（可单独放置 A 注释 4.5 V）。

项目六 单片机最小控制系统的印制电路板设计与制作

项目简介

本项目通过"创建原理图库文件"、"手工创建元件封装"、"单片机最小控制系统的电路原理图设计"与"单片机最小控制系统的印制电路板设计与制作"四个任务，进一步熟悉印制电路板设计的全过程，熟悉原理图元件库、元件封装及元件集成库的创建过程。

单片机技术是一门硬件电路制作和软件程序设计相结合的现代控制技术。由单片机组成的微机控制系统体积小、功能全，已成为工业控制领域、智能仪器仪表、尖端武器及日常生活中使用最广泛的控制系统。

单片机是包含微型计算机基本组成部分的一块集成芯片，它包括运算放大电路、控制电路、存储器、中断系统、定时器/计数器、输入/输出口等电路。但是，一块单片机芯片不可能把组成微型计算机的全部电路，如振荡电路、复位电路等都集成在一起，组成这些电路的石英晶振、电阻元件、电容元件等元器件只能以散件的形式出现。单片机最小控制系统除单片机本身外还包括振荡电路和复位电路。要使单片机发挥相应的控制功能，还需向单片机内部存储相应的控制程序。

本项目单片机最小控制系统电路原理图如图 6-1 所示，单片机采用 ATMEL 公司生产的 AT89S52，它有四十个引脚，8 KB Flash 片内程序存储器，128 B 的随机存取数据存储器（RAM），三十二个外部双向输入/输出（I/O）口，具有 PDIP、TQSP 和 PLCC 等三种封装形式，本项目选择 PDIP 封装。该单片机控制系统还具有 ISP 在线编程电路，方便通过下载线将控制应用程序下载到单片机中。同时还将该单片机的四个 8 位 I/O 口全部引出，以方便与外围硬件电路连接，扩展该硬件电路的应用。另外，P0 口接了上拉电阻，需要说明的是，其上拉电阻的大小还需根据具体应用电路进行计算选择。本控制系统再加上显示模块与键盘模块即可成为后续学习单片机课程的实用装置。

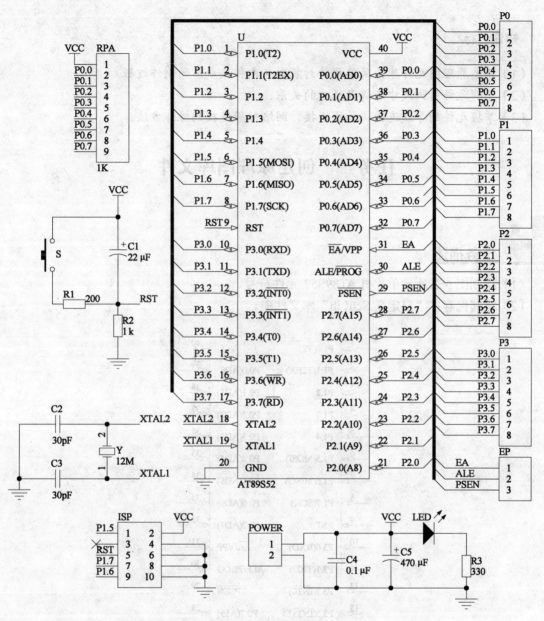

图 6-1　单片机最小控制系统电路原理图

学习目标

技能目标

（1）会制作原理图元件库、简单元件封装库与元件集成库。

（2）会元件的导线连接、总线连接与网络标签连接。

（3）会将自定义元件放置到电路原理图中。

知识目标

（1）熟悉原理图元件库、简单元件封装库与元件集成库的制作过程。

（2）了解元件引脚尺寸与焊盘尺寸的关系。

（3）掌握元件的导线连接、总线连接、网络标签连接的操作方法。

任务一　创建原理图库文件

 任务描述

（1）绘制图 6-2 所示单片机 AT89S52 元件符号。

（2）将其保存在"自定义.SchLib"库文件中。

引脚	左侧	右侧	引脚
1	P1.0(T2)	VCC	40
2	P1.1(T2EX)	P0.0(AD0)	39
3	P1.2	P0.1(AD1)	38
4	P1.3	P0.2(AD2)	37
5	P1.4	P0.3(AD3)	36
6	P1.5(MOSI)	P0.4(AD4)	35
7	P1.6(MISO)	P0.5(AD5)	34
8	P1.7(SCK)	P0.6(AD6)	33
9	RST	P0.7(AD7)	32
10	P3.0(RXD)	$\overline{EA}$/VPP	31
11	P3.1(TXD)	ALE/$\overline{PROG}$	30
12	P3.2($\overline{INT0}$)	$\overline{PSEN}$	29
13	P3.3($\overline{INT1}$)	P2.7(A15)	28
14	P3.4(T0)	P2.6(A14)	27
15	P3.5(T1)	P2.5(A13)	26
16	P3.6($\overline{WR}$)	P2.4(A12)	25
17	P3.7($\overline{RD}$)	P2.3(A11)	24
18	XTAL2	P2.2(A10)	23
19	XTAL1	P2.1(A9)	22
20	GND	P2.0(A8)	21

图 6-2　单片机 AT89S52 原理图符号

相关知识

一、库文件

元件库面板中默认加载的库文件的类型为"*.IntLib"，是一种集成元件库，既包含原理图设计中的元器件符号，也包含印制电路板图设计中的元件封装。

另外，还有类型为"*.SchLib"的库文件，仅包含原理图设计中的元件符号；类型为"*.PcbLib"的库文件，仅包含印制电路板图设计中的元件封装。

二、创建原理图库元件符号

随着电子技术的发展，新的元件层出不穷，当 Protel 软件中自带的元件符号无法满足绘制原理图的需求时，可创建原理图元件符号库，然后将其用到原理图的绘制中。创建原理图库元件符号有三种方法：利用已有的元件集成库创建新的原理图库文件、由原理图文件导出原理图库文件与自行创建。下面先介绍前两种方法，最后一种方法将在任务实施中介绍。

1. 利用已有的元件集成库创建新的原理图库文件

Protel DXP 2004 支持元件库中元件的复制，可以实现利用现有资源扩充自定义元件库的目的，为设计提供方便。下面以系统中的元件集成库为例，说明复制库元件的方法。

例如：打开 Library 安装目录下的 Miscellaneous Devices.IntLib 集成库文件，弹出【抽取源码或安装】对话框如图 6-3 所示，单击【抽取源】按钮，即可抽取该集成库的所有元件符号并创建一个集成项目库文件 Miscellaneous Devices.LibPkg，该项目文件下包含一 Miscellaneous Devices.SchLib 原理图库文件，此时的 Projects（项目）面板如图 6-4 所示。

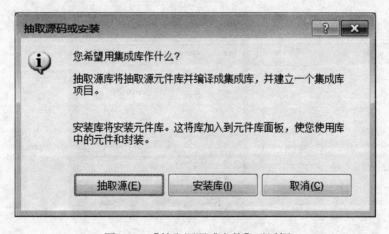

图 6-3　【抽取源码或安装】对话框

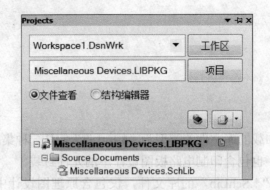

图 6-4　抽取集成库源后的 Projects（项目）面板

在 Projects（项目）面板中，双击打开该原理图文件，可看到系统环境左侧增加了 SCH Library（原理图库）面板标签，该面板如图 6-5 所示，列出了该库中的所有元件。若要复制 2N3904 元件符号，按图 6-6 所示选中该元件符号，右击，在弹出的快捷菜单中执行【复制】命令，之后在创建的原理图库文件（执行【文件】→【创建】→【库】→【原理图库】命令，创建原理图库文件）的 SCH Library（原理图库）面板的元件区中右击，在弹出的快捷菜单中执行【粘贴】命令，即可将 2N3904 元件符号复制到自己的自定义原理图库文件中，通过编辑即可绘制出自定义原理图元件符号。

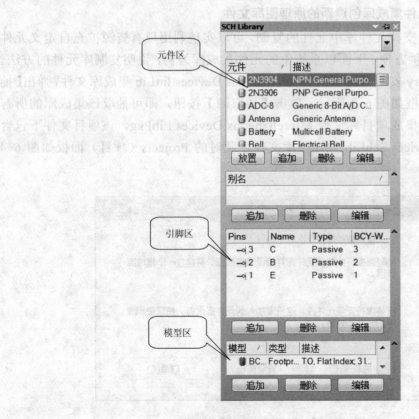

图 6-5　SCH Library（原理图库）面板

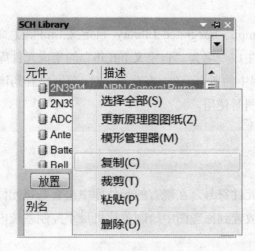

图 6-6　复制原理图库元件

创建完原理图元件符号后，需添加元件的封装模型，若系统有相应的元件封装模型直接添加即可，若没有可自行创建元件封装模型，创建元件封装模型的过程将在本项目的任务二中介绍。

2. 由原理图文件导出原理图库文件

如果要想利用现有的原理图中的元件产生一个元件库以便重复使用，可先打开其原理图文件，然后执行【设计】→【创建设计项目库】命令，在弹出的信息框中单击【OK】按钮，系统会自动生成与打开的原理图文件同名的原理图库文件。之后也可将该库文件中的元件符号复制到别的原理图库文件中。

三、创建元件集成库

元件集成库是指原理图库文件及与之相关联的 PCB 封装库文件和信号完整性模型集成到一起而形成的元件库文件。集成库的使用使设计更加方便，使用 Protel DXP 2004 时，只要在元件库面板中单击元件名称，该面板下方就会同时出现其元件符号和元件的 PCB 封装模型，而且在放置元件的同时，直接就完成了元件封装的指定，因此利用元件集成库大大简化了设计过程。下面介绍元件集成库的创建过程。

1）创建 Integrated Library（元件集成库）项目

执行【文件】→【创建】→【项目】→【集成元件库】命令，创建一名为 Integrated_Library1.LibPkg 的集成元件库项目，保存并将其命名为"自定义.LibPkg"。

2）添加"自定义.SchLib"到集成元件库项目中

将创建的"自定义.SchLib"原理图库文件添加到集成元件库项目中，其添加方法与将已有文件添加到项目文件的方法相同。

3）编译集成库项目

执行【项目】→【Compile Integrated Library 自定义.LibPkg】命令，对集成库项目进行编译，编译完成后系统将生成一名为"自定义.IntLib"的集成元件库，并自动将其加载为当前元件库。可看到该集成库中的所有元件，查看元件时，可同时看到该元件符号与元件的 PCB 封装模型，方便绘制原理图时使用。

任务实施

本项目所用的单片机元件符号，在现有的元件库中没有与该元件相吻合的库元件符号，需自己创建元件，然后再放置到原理图中绘制单片机最小控制系统电路原理图。AT89S52 原理图符号创建的过程如下：

1）创建原理图库文件并保存

执行【文件】→【创建】→【库】→【原理图库】命令，创建一原理图库文件，系统自动进入原理图库文件编辑环境如图 6-7 所示，将其保存为"自定义.SchLib"。

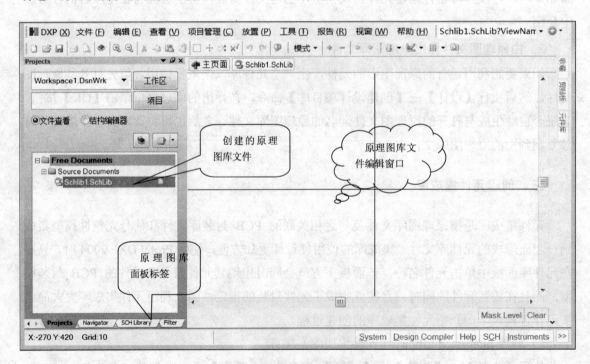

图 6-7 原理图库文件编辑界面

单击 SCH Library（原理图库）面板标签（或通过面板控制中心的 SCH 打开该面板），弹出其工作面板如图 6-8 所示，可看到系统自动在创建的原理图库文件中创建了一名为 Component_1 的空白元件对象。

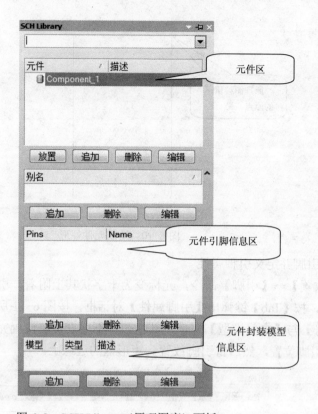

图 6-8　SCH Library（原理图库）面板

2）Rename Component（重命名元件）名称

执行【工具】→【重新命名元件】命令，在弹出如图 6-9 所示对话框，输入元件名称 AT89S52。

图 6-9　重新命名元件名称对话框

3）绘制 AT89S52 的外形

单击绘图工具栏中的绘制矩形按钮 □，或执行【放置】→【矩形】命令，光标变为十字状其上附着一矩形框，在原理图编辑区的原点处（十字坐标轴相交处）单击，然后拖动鼠标使矩形框（放置在十字坐标轴的第四象限）为合适大小后单击，即可完成矩形框的绘制（见图 6-10）。

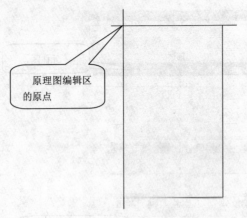

图 6-10　绘制元件外形

4）放置引脚并定义引脚属性

执行【放置】→【引脚】命令，光标变为十字状其上附着一引脚（十字光标处为引脚的电气连接点），按【Tab】键弹出【引脚属性】对话框，按图 6-11 所示设置 1 引脚的【显示名称】、【标识符】与【电气类型】属性，其他部分不用设置，设置完后单击【确认】按钮，按【X】键翻转引脚位置，然后将引脚放置到矩形框的边缘上。

图 6-11　1 引脚属性设置对话框

AT89S52 部分引脚属性设置对话框如图 6-12 所示。如图 6-12（a）所示，9 脚的电气类型为 Input；如图 6-12（b）所示，12 引脚的电气类型为 IO，使用 "\\" 给元件引脚名取反号；如图 6-12（c）所示，18 引脚的电气类型为 Output。其他引脚的属性为：19 引脚的电气类型为 Input。P0（P0.0～P0.7）～P3（P3.0～P3.7）共三十二个引脚的电气类型为 IO；29 引脚的电气类型为 Output；20 引脚 GND 与 40 引脚 VCC 的引脚电气类型为 Power。

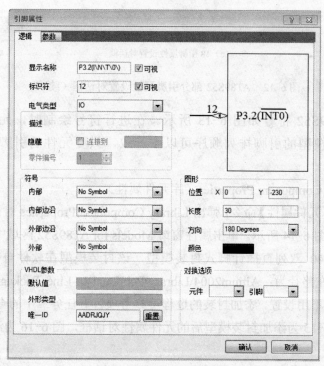

（a）9 引脚属性设置对话框

（b）12 引脚属性设置对话框

图 6-12 AT89S52 部分引脚属性设置对话框

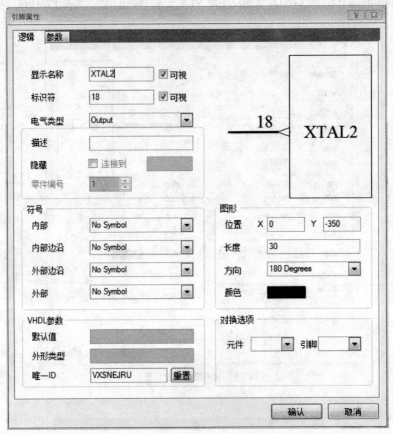

(c) 18 引脚属性设置对话框

图 6-12 AT89S52 部分引脚属性设置对话框（续）

绘制后的 AT89S52 符号如图 6-13 所示。在进行符号绘制时，元件引脚的放置位置与元件实际封装模型的引脚排列顺序可以不一致，只要元件的引脚功能与引脚号相符即可。

5）设置 Library Component Properties（库元件属性）

执行【工具】→【元件属性】命令，弹出 Library Component Properties 对话框，设置 Default Designator 为 U？如图 6-14 所示。单击属性窗口 Models for AT89S52 区域中的【追加】按钮，为该元件添加 DIP-40 双列直插针脚式封装模型，该封装模型在软件自有的 Dual-In-Line Package.PcbLib（所在路径为：Altium2004\Library\Pcb\Dual-In-Line Package.PcbLib）PCB 库文件中，其他区域暂不用设置。添加封装的过程可参考项目五任务二中的查看与修改元件封装的操作过程。图 6-15 为添加封装模型后的元件属性对话框，图 6-16 为添加封装模型后的 SCH Library 面板。

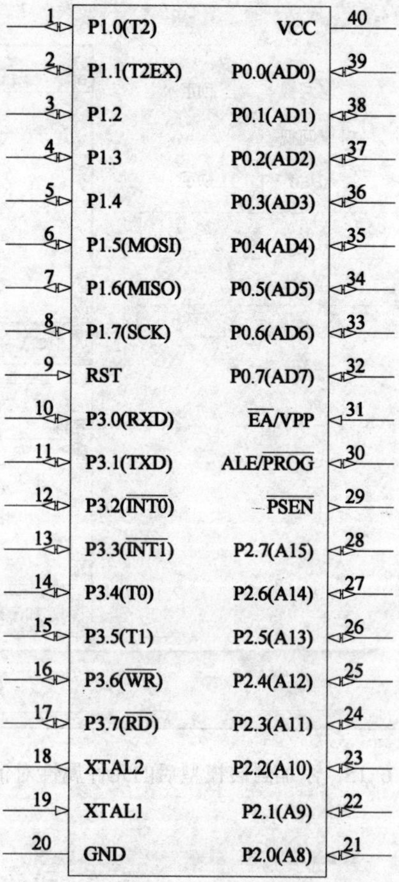

1	P1.0(T2)	VCC	40
2	P1.1(T2EX)	P0.0(AD0)	39
3	P1.2	P0.1(AD1)	38
4	P1.3	P0.2(AD2)	37
5	P1.4	P0.3(AD3)	36
6	P1.5(MOSI)	P0.4(AD4)	35
7	P1.6(MISO)	P0.5(AD5)	34
8	P1.7(SCK)	P0.6(AD6)	33
9	RST	P0.7(AD7)	32
10	P3.0(RXD)	$\overline{EA}$/VPP	31
11	P3.1(TXD)	ALE/$\overline{PROG}$	30
12	P3.2($\overline{INT0}$)	$\overline{PSEN}$	29
13	P3.3($\overline{INT1}$)	P2.7(A15)	28
14	P3.4(T0)	P2.6(A14)	27
15	P3.5(T1)	P2.5(A13)	26
16	P3.6($\overline{WR}$)	P2.4(A12)	25
17	P3.7($\overline{RD}$)	P2.3(A11)	24
18	XTAL2	P2.2(A10)	23
19	XTAL1	P2.1(A9)	22
20	GND	P2.0(A8)	21

图 6-13 完成绘制后的 AT89S52

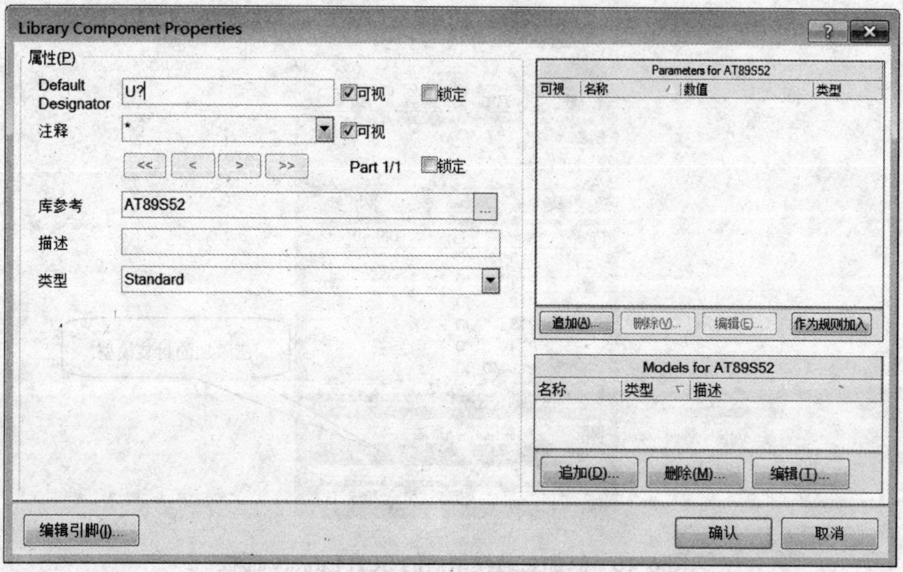

图 6-14 Library Component Properties 对话框

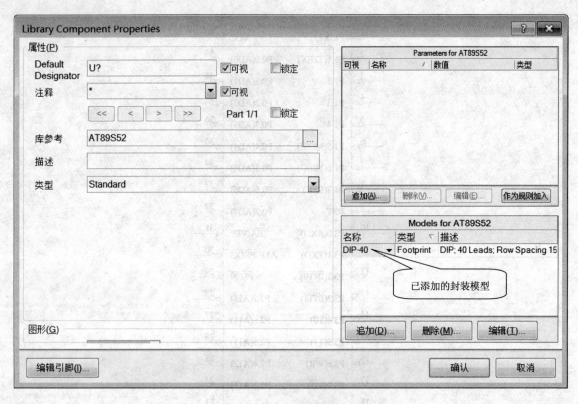

图 6-15　添加封装模型后的元件属性对话框

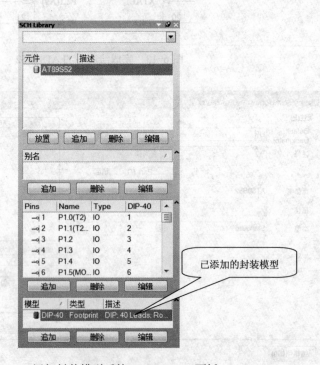

图 6-16　添加封装模型后的 SCH Library 面板

另外，添加元件封装模型也可通过 SCH Library 面板进行，单击【模型】区域中的【追加】按钮，添加过程与追加或修改元件封装模型过程相同。

当已有的 PCB 库文件中含有该元件的封装模型时，可直接添加其封装模型到该元件属性中；当已有的 PCB 库文件中找不到该元件的封装时，需根据元件的相关资料手动创建其 PCB 封装模型。本例中 AT89S52 的封装为 DIP-40，在现有的 PCB 库文件中可以找到该封装，因此直接添加即可。

6）向"自定义.SchLib"中添加需创建的其他元件符号

在进行原理图设计时，可能会有多个元件符号需要自行创建，执行【工具】→【新元件】命令，可继续向该"自定义.SchLib"库中添加新元件。

7）放置元件到原理图中

创建完元件符号后，即可单击【SCH Library】面板【元件】区域下方的【放置】按钮，将元件放置到原理图中。

任务二　手工创建元件封装

任务描述

（1）根据如图 6-17 所示的发光二极管尺寸图，绘制发光二极管的封装。其中，0.45（0.018）表示元件引脚尺寸为 0.45 mm（0.018 in，即 18 mil）；6.10/5.59（0.240/0.220）表示元件的轮廓尺寸大小为 5.59~6.10 mm（0.220～0.240 in，即 220～240 mil）；2.54（0.100）表示元件引脚间距为 2.54 mm（0.100 in，即 100 mil）。图 6-17 中的其他尺寸不影响该元件的封装制作。

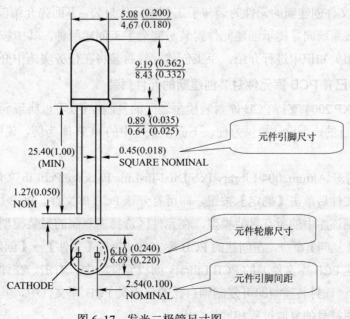

图 6-17　发光二极管尺寸图

（2）将其保存在"自定义.PcbLib"库文件中。

相关知识

一、印制电路板结构

印制电路板的表面一般有四层，从上到下依次为丝印层、阻焊层、助焊层和铜箔层。

丝印层位于印制电路板的最上层，一般为白色，记录着元件轮廓、标号、型号、封装形式、厂家标志、印制板图号、版本号等信息。

阻焊层是 PCB 上的绝缘防护层，一般为 PCB 涂绿色阻焊漆，可以保护印制铜膜线，也可防止元器件被焊接到电路板的其他位置。

助焊层是在 PCB 的焊盘和过孔表面加一层焊锡，使元件连接更可靠。

铜箔层即信号层或布线层，单面板仅有一个铜箔层，双面板上下表面都有铜箔层，多层板有多个铜箔层。焊盘和过孔是铜箔层的主要部分：各个元器件的引脚都焊接在焊盘上；过孔是层与层之间需要连接的导线上打的一个公共的孔，完成不同铜箔层之间的电气连接任务。

二、创建元件封装模型

随着电子技术与芯片制造技术的发展，新的元件层出不穷，Protel 软件自有的元件封装模型无法完全满足制作 PCB 的要求，要根据具体使用元件的尺寸，绘制出符合实际的元件封装模型。创建元件封装模型的方法有三种：利用已有 PCB 库元件封装创建新的元件封装、利用已有 PCB 文件创建新的元件封装与手工创建元件封装。下面先介绍前两种方法，最后一种方法可分为按系统向导提示创建元件封装与完全手工创建两种，其中按向导创建元件封装也在本任务的相关知识中进行介绍。手工创建元件封装将在任务实施中介绍。

1．利用已有 PCB 库元件封装创建新的元件封装

Protel DXP 2004 支持 PCB 库封装模型之间的复制操作，可以实现利用现有资源扩充自定义 PCB 库的目的，为设计提供方便。下面以系统中的 PCB 库为例，说明 PCB 库封装模型的复制操作。

例如：打开 Altium2004\Library\Pcb\Dual-In-Line Package.PcbLib 文件如图 6-18 所示，选择需打开的文件后单击【确定】按钮，即可打开该 PCB 库文件，PCB Library 面板如图 6-19 所示，可看到该库中的所有封装模型，在元件区选择需复制的封装模型右击，在弹出的快捷菜单中执行【复制】命令，在创建的 PCB 库文件（执行【文件】→【创建】→【库】→【PCB 库】命令创建 PCB 库文件）的 PCB Library 面板元件区中，右击，在弹出的快捷菜单中执行【粘贴】命令，该封装模型即可复制到自己的自定义 PCB 库文件中，其复制过程与本项目任务一中原理图符号的复制过程相同。

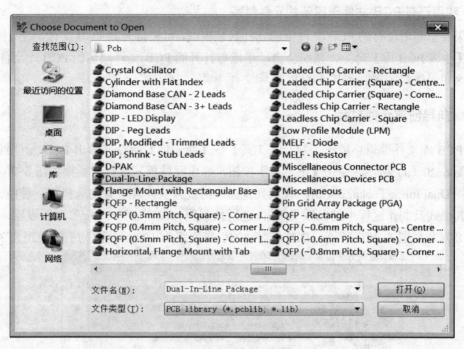

图 6-18 打开 Pcb 库文件对话框

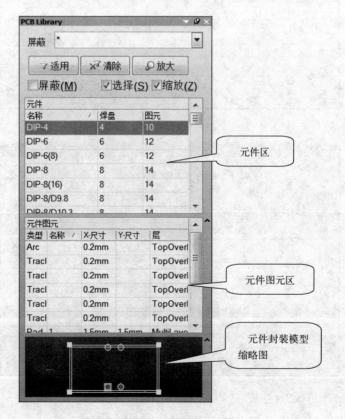

图 6-19 PCB Library 面板

2．利用已有 PCB 文件创建新的元件封装

如果要想利用现有的 PCB 文件中的元件封装模型，可先打开其 PCB 文件，然后执行【设计】→【生成 PCB 库】命令，系统会自动生成与打开的 PCB 文件同名的 PCB 库文件。之后也可将这些元件封装复制到其他的 PCB 库文件中。

三、向导创建元件封装

在 PCB 库文件编辑环境下，执行【工具】→【新元件】命令，弹出 PCB 元件封装创建向导如图 6-20（a）所示，单击【下一步】按钮，弹出元件模式选择对话框如图 6-20（b）所示，选择 Dual Inline Package（DIP）（双列直插式封装），（读者可分别选择每一种模式向导，来查看其模式及制作过程中的参数设置），之后按照图 6-20（c）～（g）进行设置，创建后的 DIP-8 封装如图 6-20（i）所示。DIP-8 封装的引脚间距为 100 mil，两列引脚间距为 300 mil。

（a）元件封装向导

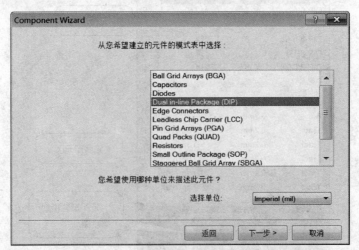

（b）选择元件模式

图 6-20　利用向导创建 DIP-8 封装

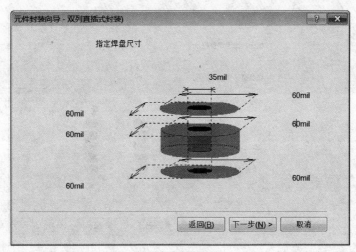

（c）指定焊盘尺寸

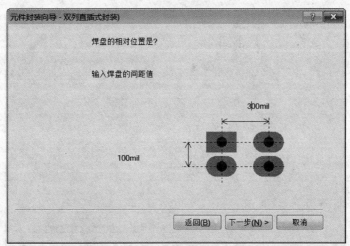

（d）设置焊盘相对位置

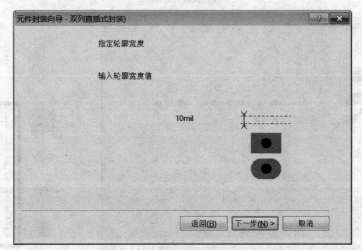

（e）指定轮廓宽度

图 6-20　利用向导创建 DIP-8 封装（续）

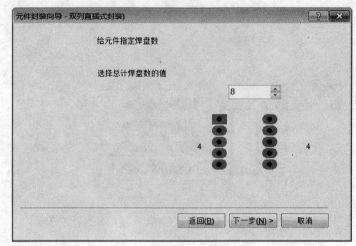

（f）指定焊盘总数

（g）设置元件名称

（h）创建完成元件封装

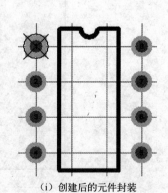

（i）创建后的元件封装

图 6-20　利用向导创建 DIP-8 封装（续）

任务实施

手动创建发光二极管封装的过程如下:

1) 创建 PCB 库文件并保存

执行【文件】→【创建】→【库】→【PCB 库】命令,可创建一 PCB 库文件,文件类型为*.PcbLib,弹出的 PCB 库文件的编辑界面如图 6-21 所示,同时增加了 PCB Library 面板标签,PCB Library 面板如图 6-22 所示。将其保存为"自定义.PcbLib"。PCB 库文件环境如板层设计、栅格大小设置、系统参数均先采用系统默认设置。

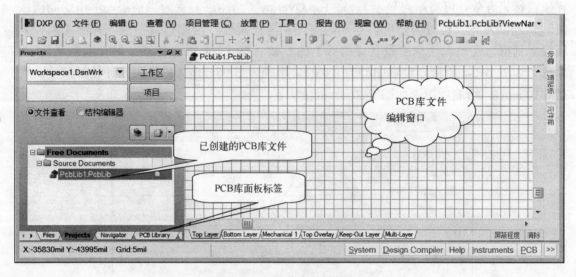

图 6-21 PCB 库文件编辑界面

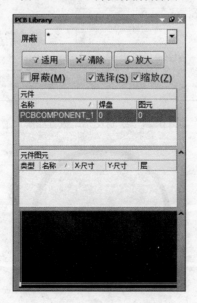

图 6-22 PCB Library 面板

2）创建元件封装

创建元件封装需充分利用图 6-23 所提供的【PCB 库放置】工具栏完成。

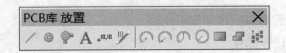

图 6-23 【PCB 库放置】工具栏

（1）绘制元件轮廓。按【Ctrl+End】组合键，设置编辑区光标回到坐标原点（在编辑窗口中右击，在弹出的快捷菜单中执行【选择项】→【显示】命令，在弹出的对话框中设置原点标记有效，可将原点显示）。将 Top Overlay（丝印层）置为当前层，单击绘制圆按钮 ⊙，绘制发光二极管的轮廓，绘制时可先不考虑尺寸，绘制后双击圆，弹出【圆弧】属性对话框，在该对话框中设置【圆弧】的参数（按【Q】键可切换公制（米制）、英制单位）如图 6-24 所示，设置中心为（0,0），半径为 3.05 mm（依据为元件轮廓尺寸，直径 6.10 mm）。绘制后图形如图 6-25 所示。

图 6-24 绘制发光二极管轮廓

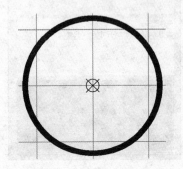

图 6-25 绘制元件轮廓

（2）放置焊盘。采用波峰焊接工艺时，焊盘内孔一般比其引脚直径大 0.05～0.3 mm 为宜，一般焊接工艺，取焊盘内孔比其引脚直径大 0.2～0.4mm 为宜。一般设置焊盘外径大小为孔径的两倍，双面板最小为 1.5 mm。

单击工具栏中的放置焊盘按钮 ⊙，按【Tab】键弹出【焊盘】属性对话框。设置焊盘内孔径为 0.7 mm（依据引脚直径为 0.45 mm），外孔径为 1.5 mm。其中 1 号焊盘属性设置如图 6-26（a）所示，位置为（−1.27,0）（依据两引脚间距为 2.54 mm），形状为 Rectangle（矩形）。2 号焊盘尺寸与 1 号焊盘尺寸相同，位置为（1.27,0），形状为 Round（圆形）。放置焊盘后的效果如图 6-27 所示。

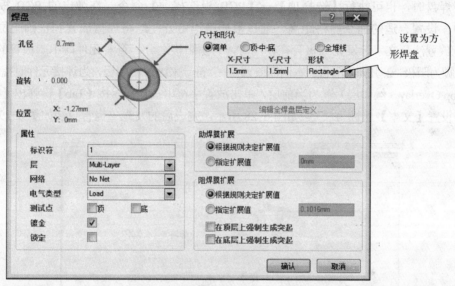

（a）1 号焊盘属性设置

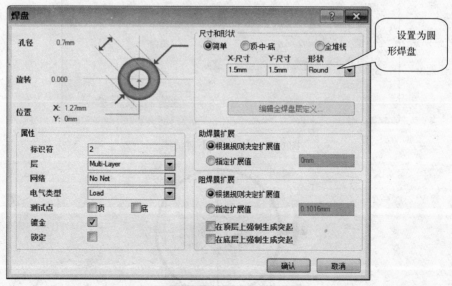

（b）2 号焊盘属性设置

图 6-26　设置焊盘属性

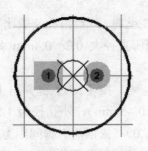

图 6-27　放置焊盘

放置焊盘时，也可执行【选择项】→【PCB 板选择项】命令，在弹出的 PCB 板选择项对话框中，设置合适的捕获栅格距离，通过数栅格也可方便地将焊盘放置到正确的位置。

（3）放置注释文字。发光二极管在使用时，有阴阳极之分，查看元件库中二极管的符号，可知 1 引脚为阳极，2 引脚为阴极。本例需放置"+"符号来区分阴阳极，为焊接元件时提供方便。

将 Top Overlay（丝印层）置为当前层，单击放置字符串按钮**A**，按【Tab】键弹出【字符串】对话框，设置【文本】属性为"+"如图 6-28 所示。完成后的发光二极管封装如图 6-29 所示。

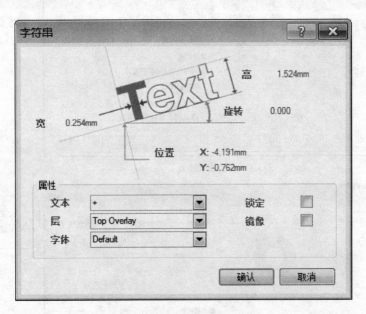

图 6-28　【字符串】对话框

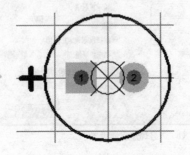

图 6-29　发光二极管封装

3）设置封装属性

执行【工具】→【元件属性】命令，弹出如图 6-30 所示对话框，设置其【名称】为 LED-0.1（0.1 代表引脚间距为 0.1 in 即 100 mil），【高】可不做设置。

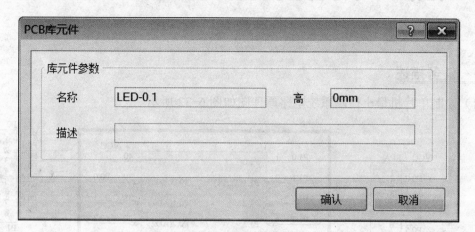

图 6-30　设置元件封装属性

4）向"自定义.PcbLib"中添加其他元件封装

一个项目设计中，若有多个需自行创建的 PCB 封装，可通过【工具】→【新元件】命令，继续向"自定义.PcbLib"中添加新元件封装，执行该命令后将会弹出如图 6-31 所示的元件封装向导对话框，单击【确定】按钮将会进入向导创建封装环境，单击【取消】按钮可进入手工创建封装环境。

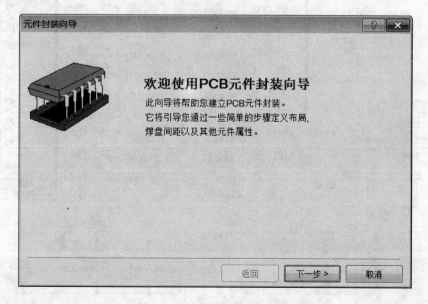

图 6-31　元件封装向导对话框

本项目还需绘制立式极性电容元件的封装，其外形尺寸与 LED-0.1 相似，可复制此封装到绘制极性电容元件封装的文件环境中，将焊盘尺寸加以修改即可。本项目所用到的极性电容元件也可直接用此封装。

任务三 单片机最小控制系统的电路原理图设计

任务描述

（1）绘制单片机最小控制系统电路原理图如图6-32所示。

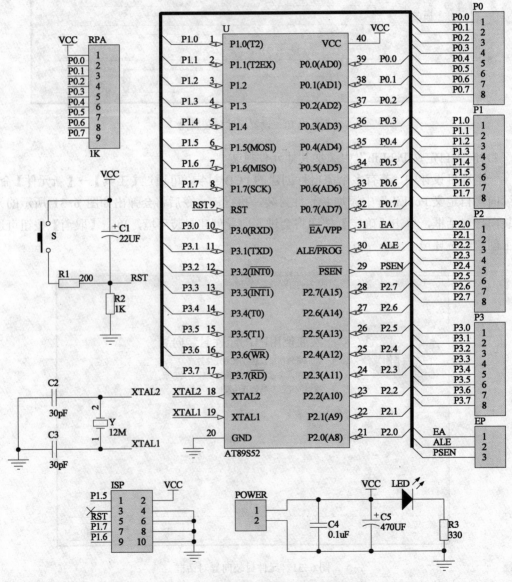

图6-32 单片机最小控制系统电路原理图

（2）将完成的图形以"单片机最小控制系统.Schdoc"为文件名保存在自己的文件夹中。

相关知识

总线（Bus）与总线分支（Bus Entry）

总线是若干条电气特性相同的导线的组合。总线没有电气特性，它需与总线分支和网络标签配合才能确定相应电气点的连接关系。总线通常用在元件的数据总线与地址总线的连接上，利用总线和网络标签进行元件之间的电气连接不仅可以缩减图中的导线、简化原理图，也可使整个原理图清晰简洁。放置总线有四种方法：

（1）单击配线工具栏中的放置总线按钮 ，进入总线放置状态。

（2）执行【放置】→【总线】命令。

（3）在电路窗口，右击，在弹出的快捷菜单中执行【放置】→【总线】命令。

（4）利用快捷键【P+B】。

进入总线放置状态后，光标变为十字状，在要放置总线的起始位置单击，拖动鼠标使光标移到放置总线的终止位置，再次单击，即完成一段总线的绘制，然后右击或按【Esc】键退出总线放置状态。

放置总线分支有四种方法：

（1）单击配线工具栏中的放置总线分支按钮 ，进入总线分支放置状态。

（2）执行【放置】→【总线入口】命令。

（3）在电路窗口，右击，在弹出的快捷菜单中执行【放置】→【总线入口】命令。

（4）利用快捷键【P+U】。

进入总线分支放置状态后，按【Space】键可旋转总线分支的放置方向，然后单击，即可将总线分支放置在总线上。

总线没有实质的电气连接意义，放置完总线与总线分支后，需在与总线分支相连接的导线上放置网络标签来完成电气意义上的连接。

任务实施

单片机最小控制系统电路原理图的设计过程如下：

1）创建文件并保存

创建项目文件与原理图文件并保存。将原理图文件与自定义库文件添加到项目文件进行管理。完成后的 Projects（项目）面板如图 6-33 所示。

2）放置元件

本项目所用元件 AT89S52 在前面创建的"自定义.SchLib"文件中，其他电阻元件、电容元件、晶振、按钮、发光二极管可在 Miscellaneous Devices.IntLib 集成库中调用，八个引脚的 I/O 接口与 ISP 接口可在 Miscellaneous Connectors.IntLib 集成库中调用。电阻排如图 6-34 所示，可在 Miscellaneous Connectors.IntLib 集成库中调用 header9 作为电阻排来使用。放置元件过程如图 6-35 所示。

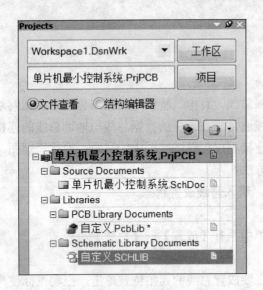

图 6-33　Projects（项目）面板

图 6-34　电阻排

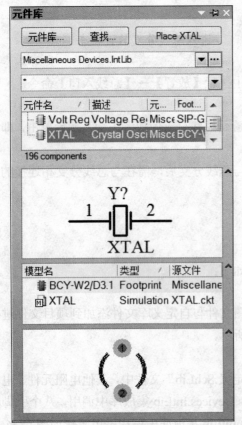

（a）放置晶振

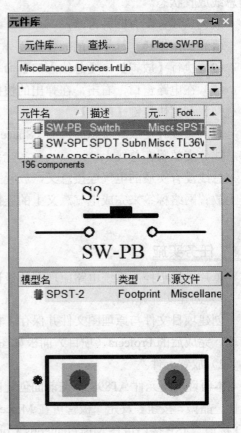

（b）放置按钮

图 6-35　放置元件

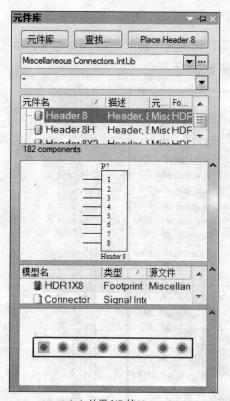

（c）放置 I/O 接口

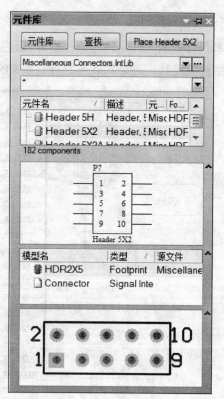

（d）放置 ISP 接口

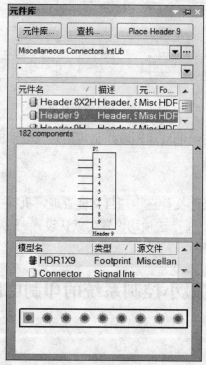

（e）放置电阻排

图 6-35 放置元件（续）

3）电路连接

本项目中的元件电路连接：有导线连接、相同名称的网络标签连接以及总线、总线分支和网络标签连接三种形式。电路连接后的效果如图 6-36 所示。

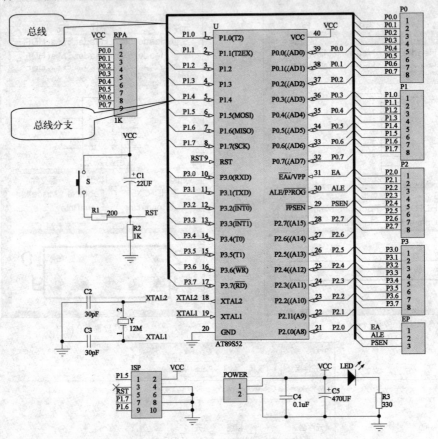

图 6-36　电路连接效果图

对于复杂的模块电路，在绘制原理图时，也可用直线矩形框划分各个模块区域并标注该模块的功能名称，以方便读图。

4）电气规则检查

再次确认该原理图文件及库文件已由项目文件管理，执行【项目管理】→【项目管理选项】命令，进行电气规则设置，每个选项均设置为默认设置。然后执行【项目管理】→Compile Document 命令进行电气规则检查。

任务四　单片机最小控制系统的印制电路板设计与制作

任务描述

（1）绘制单片机最小控制系统电路印制电路板图，印制电路板为矩形，无具体尺寸要求，但 PCB 上的元件应尽量紧凑，且设有安装定位孔。

（2）将完成的图形以"单片机最小控制系统电路.PcbDoc"为文件名保存在自己的文件夹中。

相关知识

属性批量修改

在 Protel 的各种文件环境中，若需要对多个不同对象的某一相同属性进行修改，可通过系统的批量修改操作进行，此操作使用方便且效率高。

例如：单片机最小控制系统原理图中的 C2、C3 和 C4 电容元件，在使用时需将其原来的封装 RAD-0.3 修改为 RAD-0.1，可采用属性批量修改操作进行，其过程如下：

在"单片机最小控制系统.SchDoc"原理图文件环境中，选中电容元件 C2 右击，在弹出的快捷菜单中选择执行【查找相似对象】命令，弹出【查找相似对象】对话框如图 6-37（a）所示，将 Current　Footprint 的属性设置为 Same，设置【选择匹配】为有效，设置【屏蔽匹配】为无效。单击【适用】按钮，即可看到 C2、C3 和 C4 被选中。单击【确认】按钮，弹出 Inspector（检查器）对话框如图 6-37（b）所示，更改 Current　Footprint 为 RAD-0.1，按【Enter】键，然后关闭 Inspector（检查器）对话框。查看 C2、C3 和 C4 的属性，可看到封装均被改为 RAD-0.1。

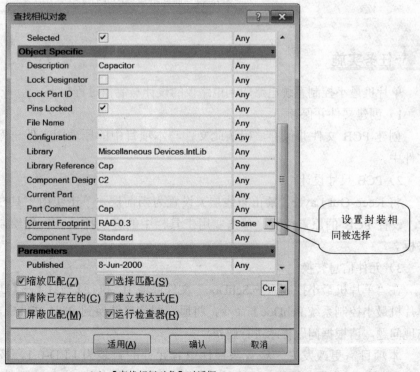

（a）【查找相似对象】对话框

图 6-37　属性批量修改

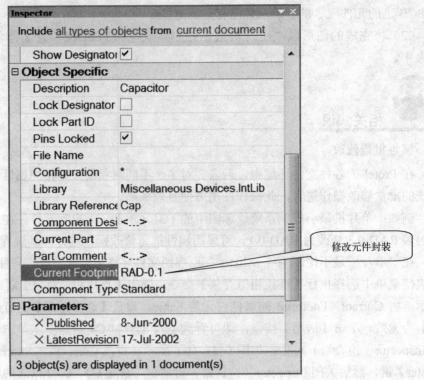

（b）Inspector（检查器）对话框

图 6-37　属性批量修改（续）

 任务实施

单片机最小控制系统电路印制电路板的设计与制作过程如下：

1）创建文件并保存

创建 PCB 文件并保存，确认此文件与本项目中的原理图文件、库文件均在同一项目文件中。

2）PCB 尺寸设计

将 Keep-Out Layer（禁止布线层）设置为当前层，单击实用工具栏中的设定原点按钮 ⊠，设置 PCB 的原点位置。单击实用工具栏中的直线按钮 ✎，先绘制任意大小的印制电路板。

3）元件信息转换

在"单片机最小控制系统.SchDoc"文件环境中，执行【设计】→【Update PCB Document 单片机最小控制系统.PcbDoc】命令，将原理图信息转换到 PCB 文件中。信息转换过程中若出现问题，请根据问题提示进行解决。

本项目需更改发光二极管与极性电容元件的封装为 LED-0.1，按钮 S 的封装修改如图 6-38 所示。在原理图中也可直接放置基本元件库中的 SW DIP-2 元件作为按钮，之后将不用修改其封装属性。

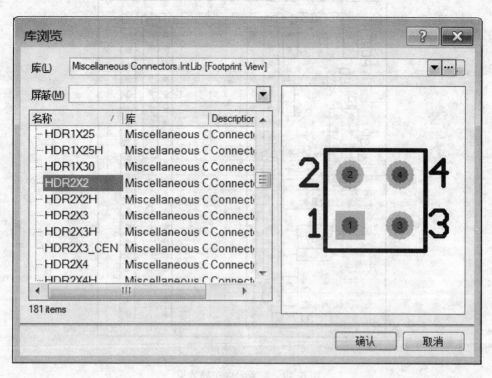

图 6-38　修改按钮封装

　　本项目在放置元件时，非极性电容元件封装默认为 RAD-0.3，而实际使用电容元件封装为 RAD-0.1，需进行元件封装修改，本项目涉及需修改封装的电容元件有三个，可以采用批量修改的方法修改电容元件的封装。

　　修改完原理图中的元件封装属性后，需再次进行信息更新。

　　若正在使用的 PCB 库文件被修改，可在*.PcbLib 库文件环境中，执行【工具】→【用封装更新全部 PCB】命令，将*.PcbDoc 中的元件封装进行更新。

　　4）元件布局

　　根据元件布局原则，本项目中的接口器件应放置在 PCB 板的边缘，如电源 POWER 接口、ISP 下载接口和 P0~P3 的 I/O 接口。参考元件布局效果如图 6-39 所示。布局后应调整 PCB 板框大小，并进行重定义。

　　5）元件布线

　　执行【设计】→【规则】命令，弹出 PCB 设计规则设置对话框。将 Routing（布线）设计规则展开，分别添加 GND 和 VCC 网络的布线宽度规则，将其布线宽度分别设置为 50 mil 和 20 mil，其他信号线宽度设置为 10 mil。

　　本项目采用单面板，设置布线层规则仅 Bottom Layer（底层）有效。

　　采用"自动布线+手动调整"的方式，进行元件布线与布线调整。本项目参考元件布线如图 6-40 所示。

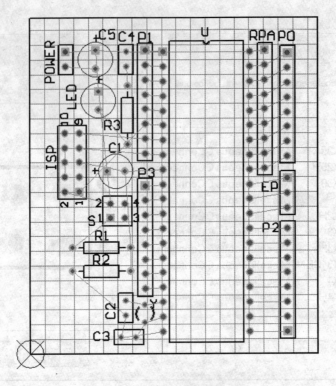

图 6-39 参考元件布局效果

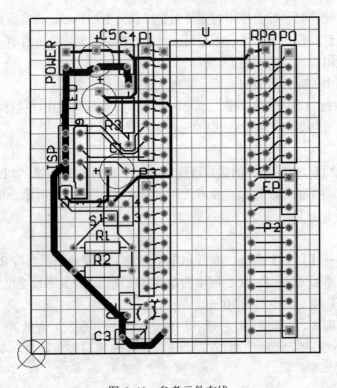

图 6-40 参考元件布线

　　放置四个安装定位孔并设置其属性，离边缘位置为 2 mm×2 mm，直径为 2 mm，且与 GND 网络连接。为方便设置安装定位孔位置，可随时更换原点位置。放置安装定位孔后效果如图 6-41 所示，可看到安装定位孔与 GND 网络连接的飞线。

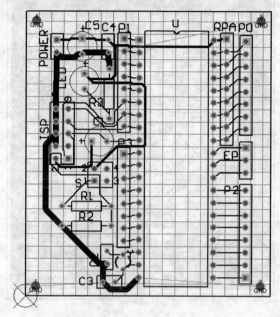

图 6-41　放置安装定位孔

6）PCB 设计后处理

　　单击工具栏中的放置覆铜平面按钮 ，弹出【覆铜】属性设置对话框，按图 6-42 所示进行设置，选择【实心填充（铜区）】，设置覆铜与 GND 网络连接，【删除死铜】为有效，覆铜放置于 Bottom Layer（底层）。

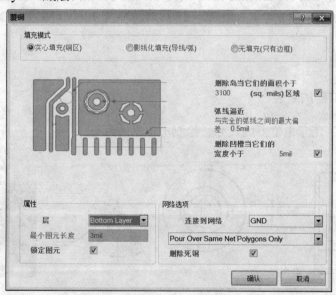

图 6-42　【覆铜】属性设置对话框

用数字标尺指示 PCB 的尺寸大小（50 mm×58 mm）如图 6-43 所示。

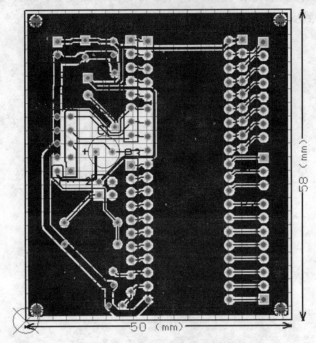

图 6-43　PCB 尺寸指示图

7）设计规则检查

执行【工具】→【设计规则检查】命令，进行设计规则检查。

8）各类报表输出

执行【报告】→Bill of Materials 命令，生成 BOM 表。

输出用于 PCB 生产的光绘（Gerber）文件，数控钻孔用的（NC Drill）文件等文件。

 拓展训练

一、绘制电位器的封装

按图 6-44（a）所示电位器的尺寸，绘制电位器的封装。

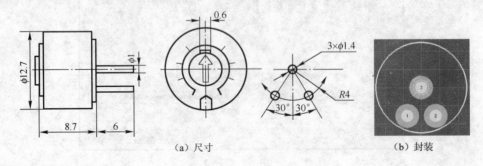

（a）尺寸　　　　　　　　　　　　　　（b）封装

图 6-44　电位器尺寸与封装

【提示】：绘制电位器封装时，在 Top Overlay（丝印层）绘制直径为 12.7 mm 的圆弧，代表元件的外轮廓。放置三个焊盘的内孔径为 1.7 mm（引脚尺寸 1.4 mm 加 0.3 mm），外径为 3.4 mm，其位置用坐标设定法确定。绘制后的封装如图 6-44（b）所示。

二、绘制三极管贴片元件的封装

按如图 6-45 所示三极管的尺寸，绘制三极管的封装。

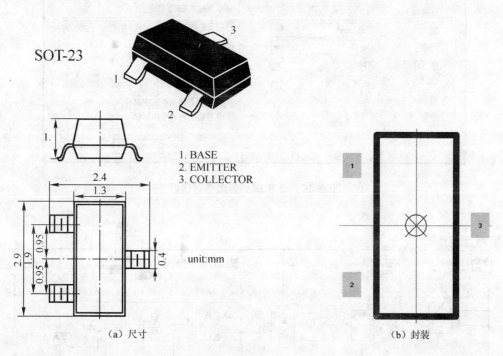

（a）尺寸　　　　　　　　　　　　　　　　　　（b）封装

图 6-45　三极管尺寸与封装

【提示】：绘制三极管封装时，在 Top Overlay（丝印层）绘制 1.3 mm×2.9 mm 的矩形框，代表元件的外轮廓，设置参考原点位置为三极管外轮廓的中心。单击放置焊盘按钮 ⚬，设置焊盘的【层】为 Top Layer，【尺寸】为 0.3 mm×0.4 mm，【形状】为 Rectangle，【孔径】为 0 mm，三个焊盘的位置分别设置为（−1.05,0.95）、（−1.05,−0.95）、（1.05,0）。绘制后的三极管贴片元件的封装如图 6-45（b）所示。图 6-46 为 1 引脚焊盘的属性设置对话框。

三、绘制闪烁警示灯电路的原理图与 PCB 图

绘制图 6-47 所示闪烁警示灯电路的原理图与 PCB 图。

要求：要显示原理图中各元件的标识符，放置 220 V 交流电源接口；PCB 设置为矩形单面板，尺寸无具体要求，元件均采用针脚式封装，元件布局紧凑合理，设置地线宽度为 0.6 mm，电源线宽度为 0.4 mm，一般信号线宽度为 0.3 mm，公制（米制）标注 PCB 尺寸指示。

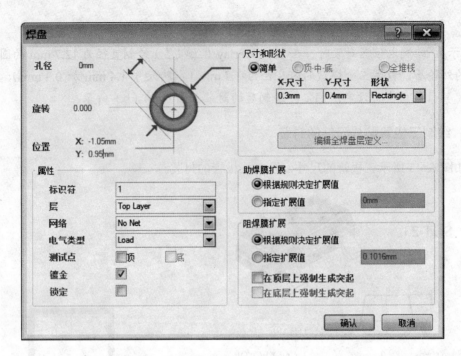

图 6-46 1 引脚焊盘属性对话框

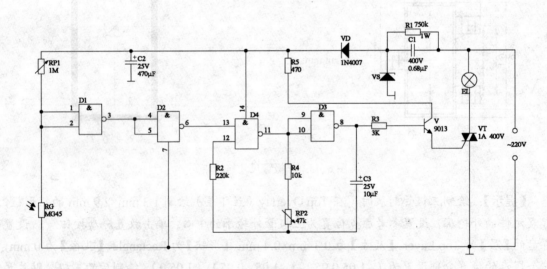

图 6-47 闪烁警示灯电路

　　闪烁警示灯电路由电源电路、光控电路、超低频振荡器电路和开关电路等组成。它能控制警示灯在白天不亮，而在夜晚发出闪烁的红光，将其安装在道路施工等场所，可以提醒人们注意安全。

　　本电路中的 RG 为光敏电阻元件，可先绘制其元件符号，再绘制原理图。D1～D4 在 TI Logic Gate 2.IntLib 库中，其他元件在 Miscellaneous Devices.IntLib 基本元器件库中。各元件均采用针脚式封装。本电路需添加电源接口。

　　【提示】：电阻元件符号与发光二极管符号相组合即可快速绘制光敏电阻元件符号。

附　　录

附录Ⓐ　Multisim 软件概述

　　Multisim 是美国 National Instruments 国家仪器公司(简称 NI 公司)推出的以 Windows 为基础的电路仿真工具，拥有非常大的元件库与仪器仪表，支持数模 SPICE 仿真，它包含了电路原理图的图形输入、电路硬件描述语言输入方式，具有丰富的仿真分析能力。

　　下面介绍 National Instruments 公司(简称 NI 公司)的 Multisim 10 仿真软件的主要功能、软件界面环境及使用方法。

一、主要功能

　　Multisim 10 仿真软件是以 Windows 为基础的电路仿真工具，具有丰富的元件数据库及强大的仿真分析能力，适用于板级的模拟/数字电路板的设计工作。它包含了电路原理图的图形输入、数模 Spice 仿真、VHDL/Verilog 设计与仿真、FPGA/CPLD 综合、RF 设计和后处理功能，还可以进行从原理图到 PCB 布线工具包的无缝隙数据传输。本书第一篇仅介绍该软件的电路建模与仿真功能。

二、软件界面环境

1. Multisim 10 软件的主界面

　　Multisim 10 提供基于 Windows 的用户界面，具有许多与 Windows 应用程序相一致的命令，界面布局如附图 A-1 所示。打开该软件后，系统自动创建名为"Circuit1"的电路文件。

2. 菜单栏

　　与所有的 Windows 应用程序一样，可以在主菜单中找到该软件的各个功能命令，Multisim 的菜单栏如附图 A-2 所示。主要有：File（文件）菜单、Edit（编辑）菜单、View（视图）菜单、Place（放置）菜单、MCU（微处理器）菜单、Simulate（仿真）菜单、Transfer（传递）菜单、Tools（工具）菜单、Reports（报告）菜单、Options（系统设置）菜单、Window（窗口）菜单与 Help（帮助）菜单。每个菜单命令的旁边均有相应命令的快捷键。在电路窗口，右击，弹出的快捷菜单如附图 A-3 所示。

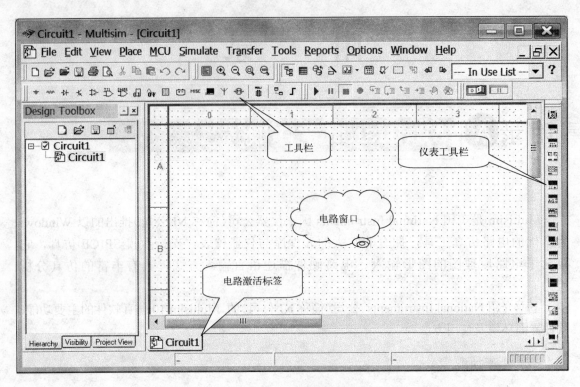

附图 A-1　Multisim 10 软件主界面

File　Edit　View　Place　MCU　Simulate　Transfer　Tools　Reports　Options　Window　Help

附图 A-2　菜单栏

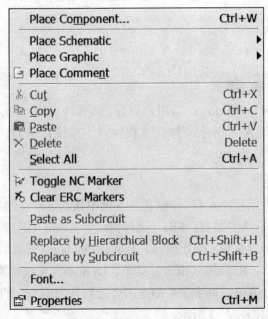

附图 A-3　右击弹出的快捷菜单

3. 工具栏

Multisim 10 的标准工具栏将一些经常使用的命令，以图标形式呈现出来，便于用户直接单击使用，以提高电路设计效率。

（1）Standard 标准工具栏如附图 A-4 所示。

附图 A-4　Standard 标准工具栏

（2）View 视图工具栏如附图 A-5 所示。

附图 A-5　View 视图工具栏

（3）Main 主工具栏如附图 A-6 所示。

附图 A-6　Main 主工具栏

（4）元件库工具栏如附图 A-7 所示。Multisim 中 Components 元件库工具栏是默认可见的，其功能依次介绍如下：

附图 A-7　Compnents 元件库工具栏

- Source 信号源库：含接地、直流信号源、交流信号源、受控源等；
- Basic 基本元件库：含电阻、电容、电感、变压器、开关、负载等；
- Diode 二极管库：含虚拟、普通、发光、稳压二极管、桥堆、可控硅等；
- Transistor 晶体管库：含双极型晶体管、场效应晶体管、复合管、功率管等；
- Analog 模拟元件库：含虚拟、线性、特殊运放、比较器等；
- TTL 元件库：含 74 系列和 74LS 系列的 TTL 器件；
- CMOS 元件库：含 74HC 系列和 CMOS 器件的多个系列器件；
- Misc Digital 其他数字元件库：含虚拟 TTL、VHDL、Verilog HDL 器件等系列；
- Mixed 模数混合元件库：含 ADC、DAC、555 定时器、模拟开关等；
- Indicator 指示器件库：含电压表、电流表、指示灯、数码管等；
- Miscellaneous 混合项元件库：含晶振、集成稳压器、电子管、保险丝等；
- Advanced Peripherals 高级外设器件库：含键盘、LCD 等；

- ⅄ RF 射频元件库：含射频 NPN、射频 PNP、射频 FET 等；
- ⊞ Electro Mechanical 电机类器件库：含各种开关、继电器、电机等；
- ⊟ MCU 微处理器库：含 8051、8052、PIC、RAM、ROM。

（5）仪表工具栏如附图 A-8 所示。Multisim 中的仪表工具栏默认为显示状态，其功能依次介绍如下：

附图 A-8　Instruments 仪表工具栏

- ⊞ Multimeter 万用表：测量电路中两点间的电压、电流、电阻或 DB 损耗。测量时，能自动调节测量范围；
- ⊞ Distortion Analyzer 失真度分析仪：能够提供频率在 20～100 Hz 内的信号失真度测量；
- ⊞ Function Generator 函数发生器：能够提供正弦波、三角波与方波信号。波形的频率与幅值均可设置；
- ⊞ Wattmeter 功率表：用来测量电路的功率及功率因数；
- ⊞ Oscilloscope 双通道示波器：能够同时测量显示电路中两路信号变化的幅值与频率；
- ⊞ Frequency Counter 频率计数器：用来测量信号的频率；
- ⊞ Agilent Function Generator 安捷伦函数发生器：能够构建任意波形的信号；
- ⊞ 4 Channel Oscilloscope 四通道示波器：能够同时测量显示电路中四路信号变化的幅值与频率；
- ⊞ Bode Plotter 伯德图示仪：用来测量电路的幅频与相频特性；
- ⊞ IV-Analysis 伏安特性分析仪：用来测量二极管、三极管及场效应晶体管的伏安特性；
- ⊞ Word Generator 字发生器：用于给数字电路提供激励，输出信号为数字或比特模式；
- ⊞ Logic Converter 逻辑转换仪：能够执行电路表达式或数字信号的多种变换形式，能生成数字电路的真值表与布尔表达式，也能从电路的真值表或布尔表达式生成电路；
- ⊞ Logic Analyzer 逻辑分析仪：能够显示一个电路中的 16 路数字信号，用于逻辑状态的快速数据确认；
- ⊞ Agilent Oscilloscop 安捷伦示波器：是一个两通道、16 逻辑通道、100 MHz 带宽的示波器；
- ⊞ Agilent Multimeter 安捷伦万用表：是一高性能的数字万用表；
- ⊞ Spectrum Analyzer 频谱分析仪：用于测量幅度与频率间的关系；
- ⊞ Network Analyzer 网络分析仪：用于测量电路的分布参数如 S、H、Y、Z；
- ⊞ Tektronix Oscilloscope 泰克示波器：是一个四通道、200 MHz 带宽的示波器；
- ⊞ Current Probe 电流探测器：用于测量电路中导线的电流，探针的输出端连接到示波器，可测量电流大小；探针可指示电流的方向；

- 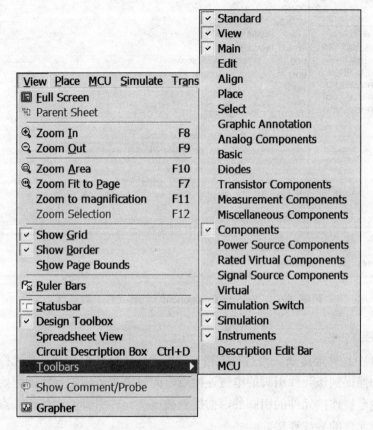 LabVIEW Instrument 虚拟仪器：利用它，用户可以自定义虚拟仪器；
- Measurement Probe 测量探测器：用于快速测量电路节点与引脚的电压及频率。

执行 View→Toolbars（工具栏自定义）命令，如附图 A-9 所示可自定义所要显示的常用工具栏，单击选择该工具栏，其前面出现 ✓ 标志时，即可显示该工具栏。也可在工具栏空白处右击，在弹出的工具栏菜单中选择需显示的工具栏。

附图 A-9　工具栏显示控制

三、操作方法

1. 放置元件

一般地，电路建模过程中的命令可通过菜单命令、快捷菜单命令、工具栏和快捷键多种方式来执行。放置元件时多通过元件库工具栏来执行放置元件命令。

Multisim 10 中有丰富的元件库供各种电路建模使用。单击元件库工具栏的相应按钮，即可打开 Select a Component（选择元件）对话框。如单击 + （信号源库）按钮，弹出如附图 A-10 所示的选择元件对话框，该对话框的 Family 族区列出了信号源库中的所有元件族，选择相应元件族，在 Component 元件区，即可列出该元件族中的所有元件，单击 OK 按钮即可将该元件放置到电路窗口。放置完一个元件后，系统的默认设置为又回到元件选择对话框，单击 OK 按钮，可再次放置相同属性的元件，且元件的编号 Label 自动增加 1。

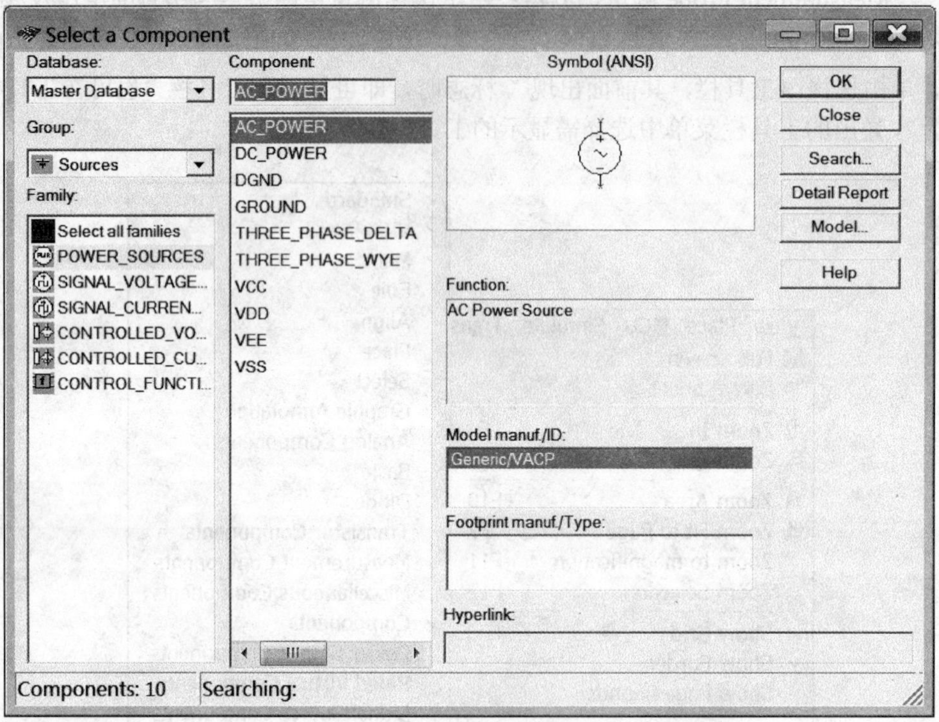

附图 A-10　Select a Component（选择元件）对话框

2. 元件连接

Multisim 10 中元件连接默认为自动连接方式，无须执行任何命令，当光标移动到元件引脚处时，可自动捕捉到该元件引脚的电气连接点，此时单击可确定导线的起始点，拖动鼠标可引出连接导线至被连接元件的引脚处，捕捉到被连接元件引脚的电气连接点时，再次单击确定，即可完成元件的导线连接。

3. 电路仿真

Multisim 10 中有丰富的仪表库供各种电路仿真使用。单击仪表工具栏中的仪表按钮图标，即可将仪表放置到电路窗口。正确连接仪表到电路中，双击打开仪表使用面板，仿真后即可通过仪表面板显示的数据或曲线进行电路仿真分析。

4. 查看样例文件

执行 File→Open Samples（打开样例文件）命令，或单击标准工具栏中的 📂 按钮，在弹出的打开样例文件对话框中，可选择打开软件自带的样例文件。对于样例文件中不熟悉的元件或仪表，可以先选中该元件或仪表，然后按打开帮助文件的快捷键【F1】，即可打开该元件或仪表的帮助文件。

附录 B Protel DXP 2004 软件概述

目前，国内使用较为广泛的印制电路板设计与制作的 EDA 软件是 Altium 公司研制的 Protel 系列软件，该软件版本不断升级，功能越来越强大。下面介绍 Protel DXP 2004 的主要功能、软件界面环境及使用方法。

一、主要功能

Protel 软件是电路设计的专用软件，Protel DXP 2004 是基于 Windows 平台的 32 位电路设计自动化系统，具有丰富而又强大的编辑功能，迅速快捷的自动化设计能力，完善有效的检测工具，灵活有序的设计管理手段，庞大的电路原理图元件库、PCB 元件库和卓越的在线编辑元件功能等特色。较其他同类的电路设计软件，功能相对完善，使用方便，容易学习和掌握。

Protel DXP 2004 的主要功能有电路原理图设计、印制电路板设计、混合电路仿真和信号完整性分析，还可进行 FPGA 与嵌入式软件项目设计。本书仅涉及电路原理图设计与印制电路板设计两部分，最终目标是借助 Protel 软件进行印制电路板图的设计，设计完成后由印制电路板厂商加工成印制电路板。

二、软件界面环境

1. Protel DXP 2004 软件的主界面

运行 Protel DXP 2004 软件，其打开的软件界面如附图 B-1 所示。与常用 Windows 软件的使用环境相类似，有菜单栏、工具栏、Files 文件工作面板、面板标签以及其独具的导航栏与标签栏。

2. 工作面板

工作面板是 Protel 中提供的最为灵活的应用环境，许多设计任务都可以通过工作面板来完成。

软件界面窗口的左侧默认打开的是 Files（文件）工作面板，它包含 Open a document（打开文档）、Open a project（打开项目）、New（创建）、New from existing file（根据存在文件创建）、New from template（根据模板创建）五个模块区（后两个未显示出），通过不同的模块区可以完成不同的任务。单击模块区右上角的 按钮，可以将该模块区收起，再次单击可将该区内容展开。

工作面板有三种显示方式：隐藏、浮动、锁定三种。当工作面板右上角的显示方式为⬚（图钉形式）时，表示工作面板处于锁定方式；单击图钉按钮⬚，工作面板的显示形式变为⬚（滑轮形式）时，表示工作面板处于浮动方式，在电路设计过程中，其工作面板会以标签形式收放起来，扩大了电路设计窗口，可方便设计；单击✕按钮，可以关闭工作面板，使其变为隐藏方式。

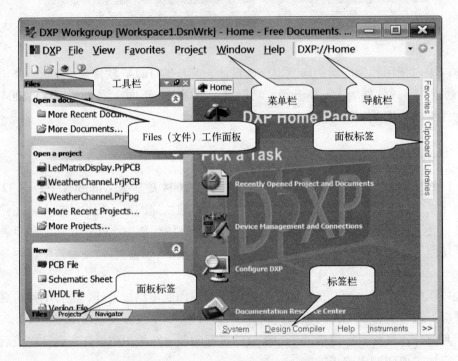

附图 B-1　Protel DXP 2004 环境界面

软件界面窗口的左侧还有 Projects（项目）工作面板及 Navigator（导航）工作面板。可通过单击 Files 工作面板右上角的下拉按钮如附图 B-2 所示进行面板的切换，或通过工作面板下方的面板标签也可进行工作面板的切换。

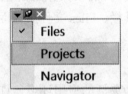

附图 B-2　工作面板的切换

Projects（项目）工作面板是用来显示已经打开的设计文件的树形目录。通过它可以清楚地看到该项目所包含的所有相关联文件。

Navigator（导航）工作面板可对电路原理图编辑系统进行管理，它对整个原理图的信息进行了汇总，可以更方便地对电路原理图中的各种对象进行查找、编辑、修改等操作。

3. 标签栏

当工作面板处于隐藏方式时，工作面板不显示在工作区域中，而是隐藏在主页窗口右下角的标签栏处。通过单击标签栏的 System（系统）标签页中的相应面板名称，即可将该面板打开，因此标签栏又称面板控制中心。打开隐藏的 Files（文件）工作面板的操作如附图 B-3 所示。

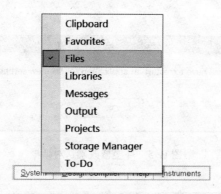

附图 B-3　打开隐藏的 Files 工作面板

三、操作方法

1. 汉化软件环境

执行 DXP→Preferences（系统设置菜单）命令，弹出 Preferences 设置对话框如附图 B-4 所示，在右侧窗口的 Localization（资源本地化）区域中，设置 Use Localized Sources 有效，

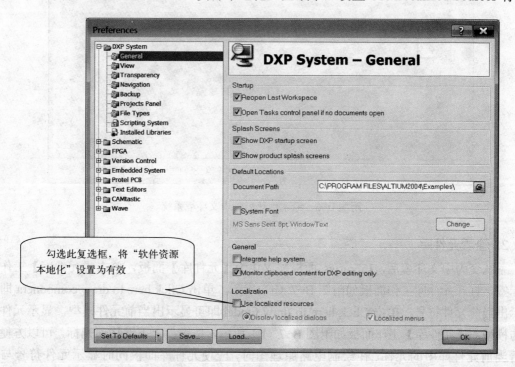

附图 B-4　软件环境本地化设置对话框

将软件资源本地化,之后弹出修改确认对话框如附图B-5所示,单击OK按钮;返回Preferences对话框,再单击OK按钮;返回Protel环境主界面,然后关闭软件运行窗口,之后重新打开软件,可以看到该系统环境已变为中文环境如附图B-6所示。为方便读者的学习,在第二篇中,对该软件的命令操作介绍,采用中文环境,对部分没有汉化的内容,采用中英文对照的方式介绍。

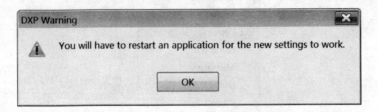

附图B-5　环境修改确认对话框

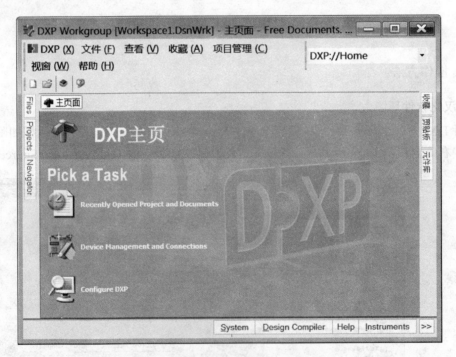

附图B-6　经本地化后的中文环境系统

2. 查看元件库

系统变为中文环境后,Libraries 面板被汉化为【元件库】面板,单击【元件库】工作面板标签,打开元件库工作面板如附图B-7(a)所示,单击Click here to draw component 即可显示出当前元件符号,单击Click here to draw model 即可显示出当前元件模型,显示元件符号与模型的【元件库】工作面板如附图B-7(b)所示,按键盘上下键移动光标,可以方便地查看当前元件库中的元件。在绘制电路原理图时,应使元件库面板同时显示元件符号与元件模型以方便绘图。

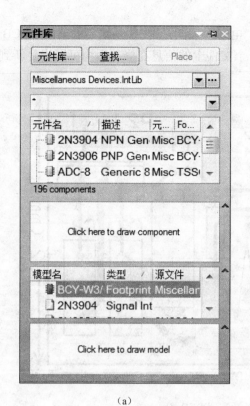

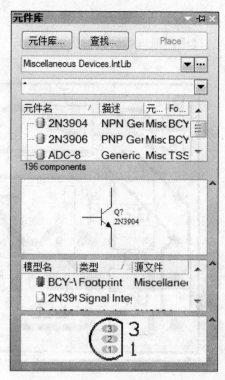

（a）　　　　　　　　　　　　（b）

附图 B-7　元件库面板

　　Protel 具有丰富的元件库，在电路原理图绘制过程中，通过使用元件库面板，可以方便地查找并放置电路设计中的所需元件，还可完成对元件库的各种操作如加载、卸载元件库、浏览元件库中的元件信息等。

3．创建文件

　　打开环境界面后，用户可通过 Files（文件）工作面板的【创建】区，创建文件进入相应的设计环境，如单击该区的 Schematic Sheet 可创建原理图文件、单击 PCB File 可创建 PCB 文件、单击 Blank Project PCB 可创建 PCB 项目文件等。

　　在该软件环境下，创建的电源适配器电路原理图如附图 B-8 所示，电源适配器的 PCB

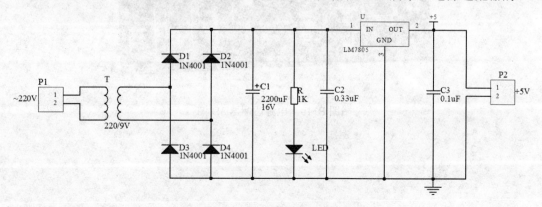

附图 B-8　电源适配器电路原理图

图如附图 B-9 所示，其上有一个安装定位孔。电路原理图是 **PCB** 图绘制的基础，**PCB** 图中的信息是通过电路原理图转换过去的，任何一个文件中的信息在修改后均可同步更新到另一个文件中。

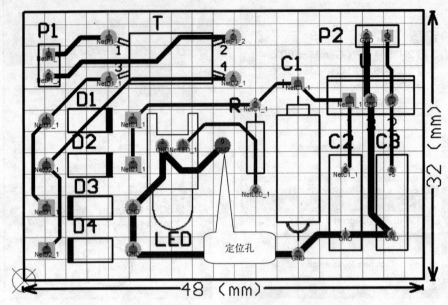

附图 B-9　电源适配器 PCB 图

附图 B-10 所示为电源适配器 3D 图，可查看设计完成的 **PCB** 的三维实物。

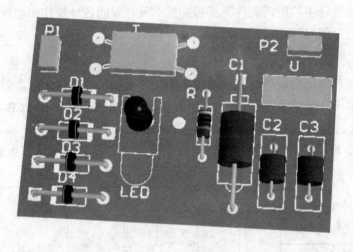

附图 B-10　电源适配器 3D 图

附录 C 软件元件库中常用元器件图形符号对照表

序 号	名 称	软件截图中的符号	国家标准符号
1	极性电容器	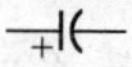	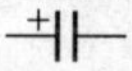
2	非极性电容器	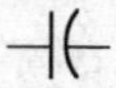	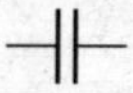
3	电阻器		
4	运算放大器	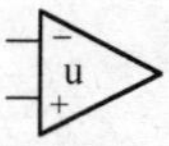	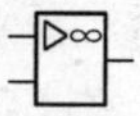
5	发光二极管		
6	二极管		
7	稳压二极管		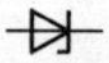
8	双向二极管		
9	电位器	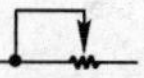 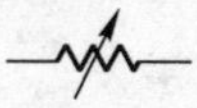 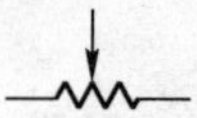	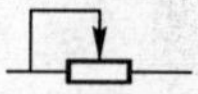  
10	按钮开关		
11	接地		
12	非门	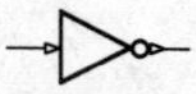	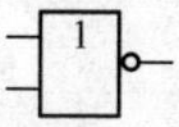
13	与门		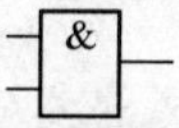
14	或门	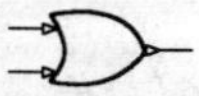	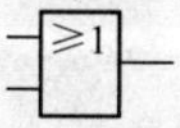
15	与非门	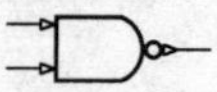	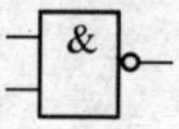
16	或非门	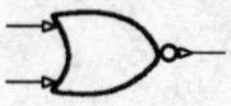	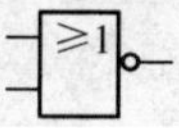

参 考 文 献

[1] 董国增. 电气 CAD 技术[M]. 北京：机械工业出版社，2011.

[2] 聂曲. Multisim 9 计算机仿真在电子电路设计中的应用[M]. 北京：电子工业出版社，2007.

[3] 艾克木·尼牙孜，葛跃田. 电子与电气 CAD 实训教程[M]. 北京：中国电力出版社，2008.

[4] 康晓明，卫俊玲. 电路仿真与绘图快速入门教程[M]. 北京：国防工业出版社，2009.

[5] 姜立华. 实用电工电子电路 450 例[M]. 北京：电子工业出版社，2008.

[6] 张松等. Protel 2004 电路设计教程[M]. 北京：清华大学出版社，2006.

[7] 王莹莹. Protel DXP 电路设计实例教程[M]. 北京：清华大学出版社，2008.

[8] 邵群涛. 电气制图与电子线路 CAD[M]. 北京：机械工业出版社，2005.

[9] 朱凤芝，王凤桐. Protel DXP 典型电路设计及实例分析[M]. 北京：化学工业出版社，2007.

[10] 徐雯霞. 电气绘图与电子 CAD[M]. 北京：高等教育出版社，2010.